用爱心烧出一桌好菜，让家人感受爱的味道！

全家人爱吃的菜都在这里！

一书在手，下厨无忧！

最易学会的家常
川湘菜
1000例

主　编　郝吉和

U0207575

江西科学技术出版社

图书在版编目（CIP）数据

最易学会的家常川湘菜1000例 / 邝吉和主编. -- 南昌 : 江西科学技术出版社, 2014.1（2020.8重印）

ISBN 978-7-5390-4887-1

Ⅰ.①最… Ⅱ.①邝… Ⅲ.①家常菜肴—川菜—菜谱②家常菜肴—湘菜—菜谱 Ⅳ.①TS972.182.71②TS972.182.64

中国版本图书馆CIP数据核字(2013)第283092号

国际互联网（Internet）地址：

http：//www.jxkjcbs.com

选题序号：ZK2013146

图书代码：D13061-102

最易学会的家常川湘菜1000例

邝吉和　主编

ZUIYI XUEHUI DE JIACHANG CHUANXIANGCAI 1000 LI

出　版	江西科学技术出版社	
社　址	南昌市蓼洲街2号附1号	
	邮编：330009　电话：（0791）86623491　86639342（传真）	
印　刷	永清县晔盛亚胶印有限公司	
项目统筹	陈小华	
责任印务	夏至寰	
设　计	松雪图文　王进	
经　销	各地新华书店	
开　本	787mm×1092mm　1/16	
字　数	230千字	
印　张	16	
版　次	2014年1月第1版　2020年8月第2次印刷	
书　号	ISBN 978-7-5390-4887-1	
定　价	49.00元	

赣版权登字号：-03-2013-182

目录
CONTENTS

Part 2
香辣爽口是湘菜

Part **1**

麻辣鲜香是川菜

　　川菜作为中国八大菜系之一，在烹饪史上占有极其重要的地位。它取材广泛，调味多变，菜式多样，口味清鲜醇浓并重，以善用麻辣著称，并以其别具一格的烹调方法和浓郁的地方风味享誉中外，成为中华民族饮食文化一颗璀璨的明珠。我们精心选取了易学易做的经典川菜，爱吃的你一定不能错过哦！

川菜特有的调味料

椒麻汁

将等量的花椒、葱白、葱叶剁成蓉后，加入酱油、香油调和即可。拌食荤菜的时候，可以用椒麻汁，如麻椒鸡片等。注意：花椒、葱等用料最好用生的。

怪味汁

怪味是川菜中独有的味道，为酸甜麻辣咸五味的完美结合。怪味汁使用麻酱、酱油、醋、辣椒油、白糖、花椒面、葱花、蒜泥、炒熟的芝麻做成。调汁时先用酱油把麻酱调稀成类似于米汤状，再加入其他各味调料，调和均匀即可。

麻辣汁

将几粒花椒放在热锅内烤成焦黄色，研磨成末，锅中倒入香油烧热，下辣椒酱、芝麻等到煸出红油、香味散出时盛出，加酱油及少许白糖、盐，再撒上花椒末搅匀即可。此调味汁最适宜拌食飞禽或者其他各种野味，不但口味好，而且可以除去野味中的各种异味。

葱油汁

将葱白切成葱花，锅内香油烧热，看到油烟后就将热香油浇在葱花上，并且加以搅拌，使油与葱花融合在一起，炸出葱香味，最后加入少量清水、盐，调味之后即可。葱油汁主要用于沁肉类的提味，或拌面条，如白切鸡、葱油面一类的制作。注意：制作葱油汁以用葱的葱白为好。

鱼香汁

菜中无鱼，却散鱼香，这就是鱼香汁的作用。大名鼎鼎的鱼香肉丝就是靠着它名贯大江南北的。做法是将料酒、醋、水淀粉各10克与酱油15毫升及适量的汤汁混合，再放入泡椒、葱丝、姜丝各10克调匀，入锅中烹制即可。若没有泡椒，可用辣椒酱代替。

蒜泥汁

夏季凉菜中，蒜泥汁必不可少。将蒜去皮，放在容器中撒上少许盐，捣烂成蓉状，待发出蒜香味后，加适量清水搅拌均匀，蒜泥汁就做成了。蒜泥汁不仅可以拌食许多荤素菜，例如蒜泥白肉、蒜泥豆角等，而且还有杀菌、消毒、防癌的作用，但要在空气中静置20分钟以上，大蒜中的大蒜素才可发挥作用。

川菜常见味型的调制

家常味型

调味要点：以郫县豆瓣、川盐、酱油调制而成。因不同菜肴风味所需，也可酌量加红豆瓣或泡红辣椒、料酒、豆豉、甜酱等。

麻辣味型

调味要点：主要由辣椒、花椒、川椒、川盐、料酒调制而成。其花椒和辣椒的运用则因菜而异，有的用红油辣椒，有的用辣椒粉，有的用花椒粒，有的用花椒末。调制时均须做到辣而不涩，辣而不燥，辣中有鲜味。

酸辣味型

调味要点：以川盐、醋、胡椒粉、料酒调制。调制酸辣味，须掌握以咸味为基础、酸味为主体、辣味助风味的原则。冷菜的酸辣味应注意不放胡椒，而用红油或豆瓣。

鱼香味型

调味要点：以泡红辣椒、川盐、酱油、白糖、醋、姜米、蒜米、葱粒调制而成。用于冷菜时，调料不下锅，不用芡，醋应略少于热菜的用量，而盐的用量稍多。

椒麻味型

调味要点：以川盐、花椒、小葱叶、酱油、冷鸡汤、香油等调制而成。调制时须选用优质花椒，方能体现风味。花椒粒要加盐与葱叶一同用刀铡成蓉，令其椒麻辛香之味与咸鲜味完美地结合在一起。

蒜香味型

调味要点：以大蒜、复制红酱油、香油、红油（也可以不用红油）调制而成。调制凉菜时须用现制的蒜泥，以突出蒜香味，称为"蒜泥味型"。烹制热菜则多用整瓣大蒜。

姜汁味型

调味要点：以川盐、姜汁、酱油、醋、香油调制而成。调制冷菜时，须在咸鲜味的基础上，重用姜、醋，突出姜、醋的味道。调制热菜时，可根据不同菜肴风味的需要，酌加郫县豆瓣或辣椒油，但以不影响姜、醋味为前提。

酱香味型

调味要点：以甜酱、川盐、酱油、香油调制而成。多用于热菜。

烟香味型

调味要点：以稻草、柏枝、茶叶、樟叶、花生壳、糠壳、锯木屑为熏制材料，利用其不完全燃烧时产生的浓烟，使腌清入味的鸡、鸭、鹅、兔、猪肉、牛肉等原料再吸收或黏附这种特殊的烟熏香味。

咸鲜味型

调味要点：常以川盐调制而成。调制时，须保持咸味适度，突出鲜味，并努力保持蔬菜、肉料等烹饪原料本身具有的清鲜味。白糖只起增鲜作用，须控制用量。

五香味型

调味要点：其所用香料通常有山奈、八角、丁香、小茴香、甘草、沙头、豆蔻、肉桂、草果、花椒等。运用上述香料加盐、料酒、老姜、葱等，可腌渍食物，也可烹制或卤制菜肴。

怪味味型

调味要点：主要以川盐、酱油、红油、花椒粉、麻酱、白糖、醋、熟芝麻、香油调制而成。也有加入姜米、蒜米、葱花的。

肉末鱼香茄条 猪肉

原料 猪肉200克，茄子300克

调料 玉米油、葱花、姜末、蒜末、香菜、豆瓣酱、鲜汤、水淀粉、生抽、白糖、盐各适量

做法

1. 猪肉剁小粒。茄子洗净，切成条。

2. 锅入玉米油烧热，放入茄条翻炒至变软，捞出沥油。

3. 锅入猪肉粒炒熟，放入豆瓣酱、葱花、姜末、蒜末爆香。放入鲜汤、白糖、生抽、盐，倒入茄条烧沸，用水淀粉勾芡收汁，撒香菜即可。

白菊肉片 猪肉

原料 猪瘦肉、大白菜各200克，丝瓜150克，杭白菊15克，红枣（去核）10个

调料 玫瑰花瓣、清汤、水淀粉、料酒、盐各适量

做法

1. 白菜洗净，切段。丝瓜洗净，切条。瘦肉切成薄片，用盐、料酒、水淀粉抓匀上浆。

2. 锅入清汤，用旺火烧开，放入大白菜、丝瓜、杭白菊、红枣，煮约15分钟。放入肉片，加盐调味，撒上玫瑰花瓣即可。

鱼香丸子 猪肉

原料 猪瘦肉200克，玉米20克

调料 葱花、姜末、蒜末、淀粉、水淀粉、豆瓣酱、猪油、醋、酱油、料酒、白糖、盐各适量

做法

1. 猪肉洗净，切末，加盐、淀粉拌好，挤成丸子。豆瓣酱剁细。白糖、醋、酱油、料酒、盐、水淀粉调成味汁。

2. 锅入猪油烧热，放入肉丸子炸熟，捞出。锅留油，炒香玉米、豆瓣酱、葱花、姜末、蒜末，烹入味汁，炒熟，丸子下锅炒匀即可。

花椒肉 猪肉

原料 猪瘦肉500克，干红尖椒30克

调料 葱段、姜片、花椒、玉米油、酱油、黄酒、白糖、盐各适量

做法

1. 干红尖椒去蒂、籽，切节。猪瘦肉切丁，加盐、葱段、姜片、黄酒、酱油拌匀，腌渍。

2. 锅入油烧至八成热，下肉丁炸3分钟，捞起。

3. 锅留油烧至七成热，下干红尖椒节、花椒，炒至呈棕红色，放入白糖、酱油、肉丁炒至肉丁松软，收汁，起锅即可。

鱼香肉丝 · 猪肉

原料 猪瘦肉300克，木耳100克，黄瓜、泡红椒碎各50克

调料 葱花、姜末、蒜末、水淀粉、胡椒粉、色拉油、醋、酱油、料酒、白糖、盐各适量

做法

1. 黄瓜洗净去皮，切丝。木耳切丝。猪瘦肉切丝，加盐、酱油、料酒、水淀粉拌入味。白糖、醋、胡椒粉、水淀粉调成鱼香味汁。

2. 锅入油烧热，放入肉丝炒散，再放入泡红椒碎、葱花、姜末、蒜末炒香。放入黄瓜、木耳，烹入鱼香味汁，翻炒均匀即可。

川军回锅肉 · 猪肉

原料 熟猪五花肉300克，红干椒、木耳、油菜心各100克

调料 葱片、辣椒酱、植物油、醋、酱油、料酒、白糖、盐各适量

做法

1. 五花肉切成长方片，入五成热油锅中滑散、滑透，捞出沥油。红干椒、木耳泡软，洗净。油菜心洗净，切段备用。

2. 锅入油烧热，放入葱片炝锅，再烹入料酒，加入辣椒酱、醋、白糖、酱油、盐、肉片、红干椒、木耳、油菜心炒至入味，淋植物油出锅即可。

腐乳蒸五花肉 · 猪肉

原料 猪五花肉300克

调料 葱花、腐乳、老抽、白糖、盐各适量

做法

1. 五花肉洗净，切块。腐乳捣成腐乳泥，加盐、白糖、老抽拌匀，调成酱料。

2. 将五花肉片均匀地裹上调好的酱料，用砂钵扣好，入笼蒸20分钟，出笼后反扣在盘中，撒上葱花即可。

香辣坛子肉 · 猪肉

原料 带皮五花肉2500克

调料 葱末、葱花、姜末、蒜末、细辣椒面、剁辣椒、辣妹子辣酱、五香粉、白糖、盐各适量

做法

1. 带皮五花肉洗净，入沸水锅中煮熟，捞出，切四方块。

2. 剁辣椒、蒜末、姜末、辣妹子辣酱、盐、白糖、细辣椒面、五香粉拌匀，再放入肉丁搅拌均匀，放入坛子内6小时。食用时取出放上葱末，上笼蒸，上桌时去掉葱末，撒上葱花即可。

酥辣粉蒸肉

原料 五花肉300克，川味蒸肉粉100克

调料 葱、姜、芝麻、干辣椒、花椒、醪糟、刀口辣椒、红油豆瓣、色拉油、香油各适量

做法

1. 五花肉洗净，切薄片，加入川味蒸肉粉、红油豆瓣、醪糟拌均，平铺于笼中蒸熟，取出凉凉，一片片卷上用牙签固定。

2. 锅入色拉油烧至四成热，放入粉蒸肉卷炸至外酥内嫩，呈金黄色，起锅，沥油。

3. 锅置火上，下花椒、干辣椒、葱、姜煸出香味，下粉蒸肉卷、刀口辣椒翻炒均匀，淋香油，撒芝麻，起锅装盘即可。

水煮肉片

原料 猪里脊肉150克，白菜叶50克，鸡蛋1个，芹菜少许

调料 葱段、姜片、花椒、胡椒粉、干辣椒、肉汤、淀粉、豆瓣辣酱、植物油、酱油、料酒、盐各适量

做法

1. 猪里脊肉洗净，切片，加鸡蛋清、淀粉、盐、料酒上浆。白菜叶洗净，切片。芹菜洗净，切段。

2. 锅入植物油烧热，倒入花椒、干辣椒慢火炸香，捞出沥油，切成末。

3. 锅入油烧热，放入豆瓣辣酱爆炒，放入白菜叶、葱段、芹菜段、姜片、肉汤、酱油、胡椒粉、料酒烧开，放入肉片煮熟，盛起，撒上干辣椒、花椒末即可。

麻辣里脊丝

原料 猪里脊肉250克

调料 葱段、生姜、熟芝麻、花椒粉、辣椒油、香油、精炼油、料酒、白糖、盐各适量

做法

1. 猪里脊肉洗净，切丝，加盐、料酒、生姜、葱段码味。

2. 锅入精炼油旺火烧热，放入肉丝炸至呈金黄色，捞出沥油。

3. 趁热加入盐、白糖、花椒粉、辣椒油、香油拌均匀，凉凉，撒入熟芝麻，装盘即可。

原料 猪里脊肉500克，熟花生米适量

调料 葱段、生姜、花椒、干辣椒、糖色、鲜汤、辣椒油、香油、精炼油、料酒、白糖、盐各适量

双花肉丁 猪肉

做法

1. 猪里脊肉洗净，切丁，加盐、料酒、生姜、葱段码味。干辣椒去籽，切成节。生姜、葱段拍破。

2. 锅入精炼油烧热，放入肉丁炸至呈金黄色，捞出。

3. 锅入精炼油烧热，放入干辣椒、花椒炒香，加鲜汤、肉丁、熟花生米、料酒、糖色、白糖、盐，收至成汤汁，加入辣椒油、香油收至亮油，起锅凉凉，装盘即可。

麻辣肉片 猪肉

酸辣里脊白菜 猪肉

原料 猪里脊肉300克，西蓝花200克，鸡蛋1个

调料 葱末、姜末、花椒、芝麻、高汤、花生油、辣椒油、水淀粉、白糖、盐各适量

做法

1. 里脊肉洗净，切成片，加鸡蛋清，水淀粉上浆。西蓝花洗净，焯水。

2. 锅入油烧热，放入西蓝花，加盐调味，炒熟，摆入盘内。

3. 锅入油烧热，放入肉片过油，捞出沥油。锅留底油烧热，下入葱末、姜末爆香，加入高汤、里脊片、辣椒油、芝麻、花椒、白糖煸炒至熟，勾芡装盘即可。

原料 猪里脊肉300克，黑木耳、白菜各200克

调料 葱段、蒜末、淀粉、辣椒酱、植物油、醋、料酒、白糖、盐各适量

做法

1. 猪里脊肉洗净，切片，用盐、淀粉稍腌。白菜洗净，切段。黑木耳泡发，切片。

2. 锅入油烧至八成热，放入里脊肉片，翻炒至呈白色，捞出沥油。

3. 锅留底油，放入葱段、蒜末、黑木耳片、白菜炒软，再放入炒好的里脊肉片、辣椒酱、盐、白糖，烹入料酒、醋炒匀即可。

青豆粉蒸肉

原料 猪前排肉500克，青豌豆200克

调料 葱花、清汤、蒸肉粉、菜籽油、红油、调料A(老姜、醪糟汁、胡椒粉、豆瓣、甜酱、酱油、白糖、盐)各适量

做法

1. 猪肉洗净，切片。豆瓣剁细。青豌豆入沸水汆水，捞出沥干。

2. 猪肉片加调料A拌匀码味，加入蒸肉粉、清汤、菜籽油拌匀，装入蒸碗内，上面放豌豆。

3. 上笼用旺火蒸，待豆软肉烂时取出，扣于圆盘内，撒上葱花，淋红油。

椒丝酱爆肉

原料 猪后腿肉300克，青椒200克

调料 葱、姜、甜面酱、酱油、猪油、白糖、盐各适量

做法

1. 猪后腿肉洗净，放入清水锅中加葱、姜煮熟，捞出，凉凉，切成片。青椒去蒂、去籽，洗净，切丝。

2. 锅入猪油烧热，下入猪肉爆炒至吐油，再加入甜面酱炒出香味，放入青椒丝翻炒至熟，最后加入酱油、白糖、盐炒至入味，起锅装盘即可。

椿头拌白肉

原料 带皮猪坐臀肉250克，嫩椿芽100克

调料 葱末、姜末、香油、净辣椒油、酱油、白糖、盐各适量

做法

1. 嫩椿芽洗净，用沸水烫焖一下，切成粒。酱油、盐、白糖调匀成咸鲜略甜味，加入净辣椒油、香油调匀成辣椒油味汁。

2. 将猪肉入锅煮沸，去浮沫，加葱末、姜末煮至刚熟。

3. 猪肉在锅内浸泡至温热，捞出，切大薄片，淋上调好的辣椒油味汁，撒嫩椿芽粒即可。

红油蒜香白肉

原料 带皮猪坐臀肉250克

调料 葱末、姜末、蒜泥、香油、酱油、净辣椒油、白糖、盐各适量

做法

1. 猪肉洗净。用盐、酱油、白糖调成味汁，再加入净辣椒油、香油、蒜泥调匀成蒜泥味汁。

2. 猪肉入锅煮沸，去浮沫，加葱末、姜末煮至刚熟。

3. 猪肉在煮的汤中浸泡至温热时捞出，用刀加工成大张的薄片，装入盘内淋上调好的蒜泥味汁即可。

蒜泥泡白肉 猪肉

原料 带皮二刀肉250克，黄瓜200克

调料 蒜泥、野山椒泡菜水、辣椒油、酱油、白糖、盐各适量

做法

1. 带皮的二刀肉洗净，入沸水锅中煮熟，捞出凉凉，切薄片，泡在野山椒泡菜水中约半小时。黄瓜洗净，切成丝。

2. 蒜泥、辣椒油、盐、白糖、酱油拌均匀成味汁。

3. 将黄瓜丝卷入白肉内，装盘，淋上调好的味汁即可。

腐皮卷白肉 猪肉

原料 带皮猪肉500克，腐皮、莴笋各200克

调料 葱丝、姜丝、花椒、蒜泥、香油、辣椒油、酱油、白糖、盐各适量

做法

1. 猪肉洗净，放入冷水锅，调入花椒、姜丝、葱丝，煮至猪肉刚熟，捞出，凉凉，切成薄片。

2. 将蒜泥、香油、辣椒油、酱油、白糖、盐调成蒜泥味汁，备用。

3. 莴笋切成丝，用切好的肉片将莴笋、葱丝卷成卷，再用腐皮卷成卷，同调好的味汁一同上桌即可。

腊肠炒年糕 猪肉

原料 腊肠、年糕各300克，红椒、青椒各50克

调料 植物油、盐各适量

做法

1. 腊肠切成小段。年糕切片。红椒、青椒洗净，切成段。

2. 锅入油烧热，下入腊肠段、年糕片、红椒段、青椒段翻炒均匀，加盐调味即可。

川味风干肠 猪肉

原料 去皮猪肉2000克

调料 肠衣、胡椒粉、五香粉、花椒粉、辣椒粉、白酒、白糖、盐各适量

做法

1. 猪肉洗净，切片，加胡椒粉、五香粉、花椒粉、辣椒粉、白酒、白糖、盐拌匀，腌渍20分钟。

2. 肠衣用温水洗净，将肉片逐一灌入肠衣内，用针刺孔放气，再用细绳子扎结成段，挂在通风处晾干。放入笼内蒸熟，出笼凉凉，切成斜的椭圆片，装盘即可。

玉米炒排骨 猪肉

原料 排骨300克，玉米200克

调料 姜末、蒜末、卤香料、植物油、酱油、蚝油、盐各适量

做法

1. 把玉米蒸透，切方块。排骨洗净，剁成块，冲去血水，入沸水锅中焯水，捞出洗净。

3. 锅入清水烧开，放排骨、卤香料，卤至熟透、色泽金黄，捞出。

4. 锅入油烧热，放入姜末、蒜末炸香，再放入排骨、玉米同炒，用盐、酱油、蚝油调味，翻炒均匀，出锅即可。

巴蜀肋排 猪肉

原料 排骨、荷叶饼各300克，土豆200克

调料 调料A(八角、花椒、香叶、桂皮、酱油、料酒)、调料B(葱花、青红椒条、辣椒面、红油、孜然粉、花椒粉、酱油、盐各适量

做法

1. 排骨入沸水中焯水，捞出，沥干。土豆切条。

2. 锅入清水烧沸，放入排骨、调料A烧沸，转文火煮10分钟。

3. 锅入油烧热，下入排骨炸至呈金黄色，捞出。土豆炸熟，码入盘底。锅留余油烧热，入调料B，加排骨炒匀，码上荷叶饼即可。

麻辣糖醋排骨 猪肉

原料 排骨500克

调料 调料A(葱末、姜末、蒜末、干辣椒碎、花椒)、色拉油、料酒、辣椒油、麻椒油、淀粉、醋、酱油、白糖、盐各适量

做法

1. 排骨洗净，切小段，加料酒、盐、酱油腌渍入味，拍上淀粉，入热油锅中炸熟，捞出，沥油。

2. 锅留油烧热，放入调料A爆香，加入醋、白糖、酱油、盐调味。

3. 待汤汁浓稠时下排骨炒匀，淋辣椒油、麻椒油即可。

芝麻神仙骨 猪肉

原料 排骨500克

调料 姜片、蒜片、干辣椒、熟芝麻、调料A(蛋黄、沙姜粉、酱油、淀粉)、调料B(淀粉、香油、酱油、植物油、醋、白糖)各适量

做法

1. 排骨洗净，切块，加调料A腌拌入味，入油锅炸至呈金黄色，捞出，沥油。辣椒切段。

2. 锅入油烧热，放入姜片、蒜片、干辣椒爆香。加调料B煮开，放入排骨炒匀，撒熟芝麻即可。

双椒烧仔骨

原料 排骨500克

调料 干红辣椒、植物油、花椒粒、姜片、葱段、调料A(酱油、高汤)、调料B(醪糟、白糖、水

做法

1. 排骨洗净，切小块，沥干，加入水淀粉拌匀。

2. 锅入油烧热，放入腌好的排骨，快速过油，捞出，沥油。

3. 锅留底油，入花椒粒、干红辣椒、姜片、葱段爆香，调入调料A、排骨炒匀，淋上调料B，勾芡，最后淋上香油即可。

辣味蒸排骨

原料 排骨500克，水发香菇块50克

调料 蒜末辣酱、胡椒粉、香油、花生油、老抽、料酒、盐各适量

做法

1. 排骨洗净，切成段，用凉水冲去血迹，用抹布沾干水分。

2. 蒜末辣酱、盐、老抽、胡椒粉、香油、料酒调成酱，均匀地抹在排骨上。

3. 排骨、香菇块放入蒸笼蒸熟，烧热花生油，浇在排骨上即可。

卤汁排骨

原料 猪排骨500克

调料 红卤水、盐各适量

做法

1. 猪排骨洗净，切成段，入沸水锅中氽水，捞出，洗净。

2. 氽水后的猪排骨放入红卤水中烧沸，加入盐，用文火焖卤至熟软，捞出凉凉，改刀成节，装盘即可。

四川罐焖肉

原料 猪肉、牛肉、羊肉各250克，水发玉兰片50克

调料 花椒、干辣椒、八角、鲜汤、豆瓣酱、猪油、盐各适量

做法

1. 猪肉、牛肉、羊肉分别洗净，切成长块，放入沸水锅氽水。水发玉兰片洗净，切成块。

2. 锅入猪油烧热，下豆瓣酱炒香，放入干辣椒、花椒煸香。加入八角、鲜汤、盐烧开。玉兰片、猪肉、牛肉、羊肉放入罐中，把汤汁去渣入罐，盖好，上笼蒸至熟透即可。

山椒焗肉排 〔猪肉〕

原料 猪精排肉500克，西蓝花一朵

调料 野山椒粒、泡椒汁、酱油、蚝油、植物油、料酒、盐各适量

做法

1. 猪精排肉洗净，切成大厚片，再改花刀，加入酱油、蚝油、泡椒汁、料酒腌渍20分钟，取出备用。西蓝花焯熟过凉水，备用。

2. 取平底锅置火上，加入植物油烧热，下入猪排肉煎至两面熟透、呈金黄色，取出装盘备用。

3. 锅入植物油烧热，下入野山椒粒，调入蚝油、酱油焗炒，再加入盐调味，出锅，浇在猪排肉上，摆上西蓝花即可。

红汤肝片 〔猪肉〕

原料 猪肝200克，西芹100克

调料 冷鸡汤、香油、辣椒油、白糖、盐各适量

做法

1. 猪肝洗净，斜刀切片。西芹洗净，切菱形片，放入盐腌渍入味。

2. 锅入清水，旺火烧开，放入肝片氽水至熟透，捞起，凉冷。

3. 将盐、白糖、辣椒油、香油、冷鸡汤调匀，淋在猪肝上即可。

麻酱猪肝 〔猪肉〕

原料 猪肝350克，西芹150克

调料 芝麻酱、香油、精炼油、料酒、白糖、盐各适量

做法

1. 猪肝洗净，切片。西芹洗净，改刀切菱形片。

2. 净锅上火，倒入清水烧沸，放入肝片，烹入料酒氽至熟透，捞起凉凉。西芹入沸水锅中焯烫至断生，捞起凉凉。

3. 将西芹放入圆盘中，在西芹上整齐地码上肝片。芝麻酱、香油、精炼油调匀，放入盐、白糖搅拌均匀，淋在肝片、西芹上即可。

原料 猪肝400克，黑木耳200克

调料 姜片、泡野山椒、红美人椒、蛋清、淀粉、植物油、红油、料酒、白糖、盐各适量

做法

1. 猪肝洗净，切成片。黑木耳泡发好，沥干，切片。

2. 将猪肝片沥干，加盐、料酒、淀粉、蛋清腌入味，上浆。

3. 锅入油烧热，放入猪肝片滑炒至熟，捞出沥油。锅留底油，放入红油、姜片，将泡野山椒、红美人椒煸香，下入黑木耳片、猪肝片炒熟，加料酒、白糖、盐调味，出锅装盘即可。

美人椒肝尖

辣椒炒肝尖

原料 新鲜猪肝300克，青辣椒、红辣椒各100克

调料 姜片、蒜片、生粉、玉米油、生抽、盐各适量

做法

1. 猪肝洗净，切成片，盛入盘中，放入适量盐、生抽、生粉，搅拌。

2. 青辣椒、红辣椒分别洗净，切成长条。

3. 锅入油烧热，放入蒜片、姜片，爆香。猪肝下锅爆炒，当猪肝炒熟至没有之前的生色，下入青红辣椒，翻炒，出锅即可。

洋葱炒猪肝

原料 猪肝200克，洋葱300克

调料 蒜末、辣椒酱、料酒、盐各适量

做法

1. 猪肝洗净，切片，沥水，加入盐、料酒拌匀。

2. 洋葱洗净，切成粗丝。

3. 锅入油烧热，放入洋葱丝、蒜末炒香，放入猪肝煸炒至变色，加入辣椒酱，半分钟后起锅装盘。

功效 猪肝中含有丰富的铁质，是补血食品中最常用的食物。食用猪肝能调节和改善贫血病人造血系统的生理功能。

酱爆肝腰球 猪肉

原料 猪肝、猪腰各400克

调料 葱段、生姜、泡姜、蒜瓣、泡辣椒、花椒粒、豆瓣酱、生粉、酱油、料酒、盐各适量

做法

1. 猪肝洗净，切片。猪腰洗净，剞成腰花，用生粉、料酒拌匀。

2. 锅入油烧热，放入花椒粒、葱段炸香，放入猪肝、猪腰翻炒，倒入豆瓣酱炒匀，放入泡姜、泡辣椒、生姜、蒜瓣快速翻炒几下，再加入酱油、葱段、盐调味，出锅即可。

芦荟拌腰花 猪肉

原料 鲜猪腰400克，芦荟、鲜百合各100克

调料 蒜片、红椒、胡椒粉、姜汁酒、生抽、醋、白糖、盐各适量

做法

1. 猪腰洗净，一剖两半，去掉腰臊，用刀斜片成片状，再放入水中漂去血水。

2. 红椒、芦荟洗净，切成片。鲜百合剥片洗净。把醋、白糖、蒜片、生抽、胡椒粉放入碗中，调成味汁。

3. 猪腰片、芦荟片、百合片加入姜汁酒拌匀，入沸水锅中，余至断生，捞出，沥干水分，放入盘中，淋上味汁即可。

椒麻腰花 猪肉

原料 猪腰200克

调料 葱叶、冷鲜汤、生花椒、香油、酱油、盐各适量

做法

1. 猪腰清洗干净，剖成两片，去净腰臊，剞成腰花。葱叶洗净，生花椒去黑籽，葱叶、生花椒混合，用刀反复剁细，成椒麻糊。

2. 净锅上火，入清水烧沸，放入腰花余至断生，捞出凉凉，装盘。

3. 酱油、盐、冷鲜汤调匀成咸鲜味，再加入椒麻糊、香油，调成椒麻味汁，淋在腰花上即可。

辣椒炒肝腰

原料 猪腰、猪肝各350克，香芹50克，青红椒100克

调料 姜片、蒜片、胡椒粉、植物油、料酒、白糖、盐各适量

做法

1. 猪腰、猪肝分别洗净，切成片，置于沸水中，加料酒、姜片焯烫一下，捞出洗净，沥干。

2. 将香芹去叶，切段，入沸水中焯一下，迅速捞出。青红椒洗净，切成菱形片。

3. 锅入油烧热，下入蒜片、姜片爆香，加入猪腰片、猪肝片、香芹段、青红椒片炒匀，加盐、料酒、白糖、胡椒粉调味，起锅装盘。

白切猪肚

原料 猪肚头200克，青椒、红椒各300克，胡萝卜100克

调料 葱丝、姜丝、香菜、花椒、酱油、蚝油、盐各适量

做法

1. 青椒、红椒分别洗净，切细丝。胡萝卜洗净，切成片。猪肚头洗净，入冷水加热至肚头煮熟，切成薄片，加花椒、姜丝、葱丝、盐调味。

2. 净锅上火，加入清水，放入青椒丝、红椒丝、姜丝、葱丝、胡萝卜片，氽至断生，捞出。

3. 青红椒丝、姜丝放入碗中，倒入酱油、蚝油拌匀，放上肚片，撒上香菜即可。

干豇豆拌肚丝

原料 猪肚500克，干豇豆150克

调料 葱段、姜片、红椒丝、红油、醋、料酒、盐各适量

做法

1. 猪肚加盐、醋、姜片、葱段、料酒揉洗干净。猪肚放入热水锅内焯水，捞出，洗净除尽异味。

2. 锅入清水烧开，放入洗净的猪肚，加料酒、盐、姜片、葱段，煮至猪肚熟透入味，捞出凉凉，切粗丝。

3. 干豇豆温水泡发后，切段，放入锅中，加盐、料酒煮熟后，捞出凉凉。

4. 将猪肚丝、豇豆段、红椒丝放入碗中，加盐调味，淋红油拌匀即可。

耳根拌肚丝 猪肉

原料 猪肚头200克，折耳根100克，香菜适量

调料 辣椒油、香油、醋、酱油、料酒、白糖、盐各适量

做法

1. 猪肚头洗净，入沸水锅中煮熟，捞出凉凉，切丝。折耳根洗净，用盐腌渍入味，备用。香菜洗净，切段，铺入盘底备用。

2. 将肚丝、折耳根加入盐、酱油、醋、料酒、白糖、香油拌匀，装入盘中，淋入辣椒油即可。

麻辣爽脆猪肚 猪肉

原料 猪肚500克，绿豆芽100克，芹菜段少许

调料 姜末、蒜末、香菜、花椒、植物油、辣椒酱、盐各适量

做法

1. 猪肚洗净，放入清水中煮40分钟，捞出凉凉，切成段。

2. 绿豆芽掐去头、尾，洗净，入沸水中略焯，捞出过凉，沥水。香菜切段，备用。芹菜段过沸水，冲凉备用。

3. 锅入油烧热，放入花椒、蒜末、姜末、辣椒酱炒香，放入猪肚、绿豆芽、芹菜段、香菜段炒匀，调入盐翻炒均匀，出锅装盘即可。

黄豆酸菜煨猪手 猪肉

原料 猪手500克，干黄豆、四川酸菜各100克

调料 骨头汤、盐各适量

做法

1. 猪手洗净，斩成块，入沸水锅中氽透。黄豆用水泡发。四川酸菜切成段。

2. 取一汤罐，放入骨头汤、猪手、黄豆、酸菜，调入盐，用微火煨至猪手软烂离骨，关火，出锅即可。

原料 猪前蹄500克

调料 红卤水、花椒、干辣椒、料酒、盐各适量

做法

1. 猪前蹄洗净，锅入清水烧沸，放入猪前蹄汆水，捞出，清洗干净。

2. 将汆水后的猪前蹄放入红卤水中烧沸，加入干辣椒、花椒、盐、料酒小火焖卤至熟软，捞出凉凉，改刀成块，装盘即可。

特点 味浓适口，肥而不腻。

红卤猪蹄

酱猪手

红油猪耳

原料 猪前蹄500克

调料 豆瓣酱、葱片、姜片、蒜片、八角、陈皮、酱油、白糖、料酒、盐各适量

做法

1. 猪前蹄用旺火烧去残毛，烧至外皮变黄色，放入清水中清洗，再把表皮刷至黄白色，用刀从中间片开。

2. 锅入油烧热，煸香豆瓣酱，再加入葱片、姜片、蒜片、八角、陈皮，烹入酱油、料酒，加水，再把猪蹄、白糖、盐放入锅内烧开，转小火慢煮，待猪蹄煮烂，捞出凉凉即可。

原料 熟猪耳300克，青红尖椒50克

调料 葱白、花椒粉、辣椒油、熟芝麻、植物油、醋、酱油、盐各适量

做法

1. 熟猪耳切成丝。葱白洗净，切成丝。青红尖椒切丝。

2. 葱丝盛入碗中，加入辣椒油、酱油、醋、花椒粉，调成料汁。

3. 净炒锅置旺火上，放入植物油烧热，放入猪耳丝稍炒，倒入料汁、盐炒匀，拌入青红尖椒丝、葱丝，撒熟芝麻即可。

麻花肥肠 （猪肉）

原料 麻花200克，肥肠300克

调料 葱段、姜片、花椒、干辣椒段、植物油、料酒、盐各适量

做法

1. 肥肠处理干净，切成段，入沸水锅中，调入料酒、葱段、姜片焯烫，捞出沥干水分。

2. 锅入油烧热，下入肥肠稍炸，捞出沥油。

3. 锅留底油，下入干辣椒段、花椒煸出香味，加入麻花、肥肠段炒熟，加盐调味，出锅即可。

辣子肥肠 （猪肉）

原料 熟肥肠300克，干辣椒段10克

调料 葱花、姜片、蒜片、花椒、麻椒、酱油、绍酒、植物油、白糖、盐各适量

做法

1. 熟肥肠切段，入沸水锅中焯水，捞出冲凉，沥干水分。

2. 锅入油烧热，放入葱花、姜片、蒜片炒香，加入肥肠段煸至肥肠没有水分，盛出。

3. 锅重新上火入油烧热，放入干辣椒段、花椒、麻椒，中火炒至变色，倒入肥肠，加入绍酒、酱油、白糖、盐继续翻炒至调料为肥肠所吸收、辣椒变色即可。

椒麻口舌 （猪肉）

原料 猪舌100克

调料 葱花、姜片、冷鲜汤、椒麻糊、香油、酱油、料酒、盐各适量

做法

1. 猪舌洗净，放入沸水锅中余至舌苔发白，捞出，放入冷水中浸泡，用刀刮尽舌苔，用清水洗净。锅入鲜汤，加姜片、葱花、料酒烧开，煮至猪舌熟透。

2. 将锅带汤一起端离火口，待汤温时，捞出猪舌，冷透，除去舌骨，切成薄片，装盘备用。

3. 椒麻糊加冷鲜汤调匀，加盐、酱油、香油调成椒麻味汁，均匀地淋在猪舌片上即可。

原料 酱牛肉300克，芹菜100克

调料 红干辣椒丝、红油、香油、酱油、料酒、白糖、盐各适量

牛肉拌芹菜

做法

1. 芹菜洗净，切成长段。酱牛肉切丝。

2. 锅入清水烧沸，放入芹菜段焯熟，捞出过凉。

3. 酱牛肉丝放在盛芹菜的碗中，加红干辣椒丝、料酒、白糖、酱油，淋香油、红油，拌匀装盘即可。

功效 菜肴味道浓郁，营养丰富。芹菜富含纤维素，可润肠通便，牛肉富含蛋白质且低脂肪，食之可增强体质，降低血压。

果仁拌牛肉

川卤牛肉

原料 熟牛肉500克

调料 酥花生仁粒、辣椒粉、辣椒油、花椒粉、盐各适量

做法

1. 熟牛肉改刀切成10厘米长、0.2厘米厚的片，摆入盘中，备用。

2. 将盐、辣椒粉、花椒粉、辣椒油拌匀，淋在牛肉上，撒上酥花生仁粒即可。

功效 牛肉富含肌氨酸，其肌氨酸含量比任何其它食品都高，这使它对增长肌肉、增强力量特别有效。

原料 鲜牛肉500克

调料 姜、花椒、干辣椒、红卤水、料酒、盐各适量

做法

1. 牛肉洗净，加盐、料酒、干辣椒、花椒、盐、姜码味，腌渍半天至入味，备用。

2. 锅入清水烧沸，放入牛肉氽水，捞出，洗净。

3. 牛肉放入红卤水中烧沸，用文火焖卤至熟软，捞出，凉凉，切片即可。

菊香牛肉 牛肉

原料 牛肉500克，鲜菊花1朵，干菊花2朵

调料 青红椒末、生抽、白糖、盐各适量

做法

1. 干菊花用沸水冲泡，成菊花茶水，凉凉，备用。新鲜菊花撕下花瓣，用淡盐水浸泡，备用。

2. 牛肉洗净，切成大块，焯水，捞出，再放入锅中加菊花水、盐、白糖、生抽调匀，煮熟。

3. 牛肉捞出，切片装盘，锅中加入煮牛肉的汤汁，放入青红椒末烧开，浇在牛肉上即可。

芹香牛肉丝 牛肉

原料 牛肉300克，芹菜100克

调料 姜丝、花椒粉、红椒丝、豆瓣酱、辣椒粉、香油、醋、酱油、料酒、白糖、盐各适量

做法

1. 牛肉洗净，切丝。芹菜洗净，切丝。

2. 锅入油烧热，放入牛肉丝煸炒，炒至呈褐红色，加入豆瓣酱、酱油，转文火继续煸炒，炒至肉丝上色，放入姜丝、料酒煸炒，再放入芹菜丝、红椒丝、花椒粉、酱油、白糖、盐、醋、辣椒粉炒匀，淋入香油即可。

意式小牛肉 牛肉

原料 牛肉300克，胡萝卜、土豆、洋葱、卷心菜各50克

调料 姜片、月桂叶、胡椒粉、番茄酱、黄油、料

做法

1. 土豆洗净，切块。胡萝卜洗净，切滚刀块。卷心菜洗净，切大块。洋葱剥去外层干皮，切块。

2. 牛肉洗净，切大块，放入沸水锅中稍煮。

3. 锅入黄油烧热，放入洋葱块稍煸炒，加入土豆块、胡萝卜块、卷心菜翻炒，加胡椒粉、料酒、姜片、盐、月桂叶、番茄酱、牛肉及煮牛肉的汤，烧开后倒入高压锅中炖煮20分钟即可。

 金菇爆肥牛 牛肉

原料 肥牛肉片300克，金针菇200克

调料 姜丝、料酒、黄油、植物油、盐各适量

做法

1. 金针菇洗净，去蒂、撕散，放入沸水锅中焯烫一下，捞出，沥干水分。

2. 将肥牛肉片洗净，放入沸水锅中焯烫，捞出，备用。

3. 锅入植物油、黄油烧热，放入姜丝炒香，再放入金针菇、肥牛肉片，烹入料酒，加入盐调味，旺火爆炒均匀，出锅装盘即可。

麻辣牛肉片 牛肉

原料 牛肉400克，熟白芝麻15克

调料 辣椒面、花椒粉、豆油、菜油、曲酒、白糖各适量

做法

1. 牛肉剔骨去筋，切大块，清水漂洗，去血水、污物，沥干水分。

2. 锅入清水，放入牛肉块煮20分钟，捞出，原汤待用。肉块凉凉，切成均匀的肉片。

3. 锅入豆油、菜油烧热，加入原汤、辣椒面、花椒粉、曲酒、白糖调味，煎熬至一定浓度，再倒入牛肉片煮熟，文火收汁。待汁干净，起锅，撒熟白芝麻，出锅即可。

豆豉葱爆牛肉 牛肉

原料 牛脊肉300克

调料 葱段、香菜段、水淀粉、豆豉、辣椒油、食用油、料酒、白糖、盐各适量

做法

1. 牛脊肉洗净，切片，加盐、料酒、水淀粉上浆。

2. 锅入油烧至四成热，放入上好浆的牛脊肉片，滑散、滑熟，捞出控油。

3. 锅留油烧热，放入葱段、豆豉炒香，烹入料酒，倒入滑好的牛脊肉片，用盐、白糖调味，淋辣椒油，大火炒匀，勾芡，撒上香菜段，出锅装盘即可。

陈皮肉粒 牛肉

原料 牛腿肉500克，干辣椒段30克

调料 花生油、红油、熟白芝麻、调料A(葱姜蒜末、陈皮末、曲酒、白糖、花椒粉、辣椒面、酒酿)、调料B(酱油、白糖、盐各适量

做法

1. 牛肉洗净，切成小方丁，入热油锅炸干水分捞出。锅入清水烧开，放入牛肉丁，煮至酥透。

2. 锅入油烧热，投入调料A、干辣椒段，放入牛肉丁及煮牛肉的原汁，再放调料B，旺火收汁，淋入红油，撒熟白芝麻拌匀即可。

西式川味牛肉 牛肉

原料 牛胸肉200克，薯条、笋块各100克

调料 玉米油、干辣椒、料酒、香油、红糖、盐各适量

做法

1. 牛胸肉洗净，切成方块形，用铁板烤透。

2. 锅入玉米油烧热，放入干辣椒、料酒、红糖、笋块、盐、香油、烤牛胸肉，收汁，关火装盘，薯条伴边即可。

萝卜煲牛肉 牛肉

原料 牛腱子肉300克，胡萝卜、白萝卜各150克

调料 葱段、姜片、八角、辣椒粉、胡椒粉、料酒、白糖、盐各适量

做法

1. 胡萝卜、白萝卜分别去皮，洗净，切块。牛腱子肉洗净，切块，入沸水焯烫，捞出沥干。

2. 锅中加水，放入牛肉、胡萝卜块、白萝卜块、葱段、姜片、大料、辣椒粉、胡椒粉、白糖、料酒烧沸，转中火煲至熟透，加盐调味即可。

辣拌金钱肚 牛肉

原料 牛肚350克

调料 葱丝、姜片、蒜头、辣椒、卤汁、调料A(冰糖、鸡粉、胡椒粉、椒酱、香油、辣油、酱油、绍酒、白糖)各适量

做法

1. 牛肚洗净，入沸水锅中氽烫，捞出备用。辣椒切丝。蒜头拍碎。

2. 锅入油烧热，放入姜片、蒜爆香，加入卤汁、牛肚煮滚，改文火卤至熟透，取出，切丝凉凉。

3. 加入调料A、辣椒丝、葱丝拌匀，装盘即可。

麻辣毛肚 牛肉

原料 毛肚200克，莴笋100克

调料 葱段、姜段、花椒粉、香油、辣椒油、盐各适量

做法

1. 毛肚洗净，切成长方片。莴笋剥皮，洗净，切成长方片，用盐腌渍片刻。

2. 盐、辣椒油、花椒粉、香油调匀成麻辣味汁。

3. 锅入清水、葱姜段烧沸，放入毛肚氽至断生，捞出凉凉，盘内放入莴笋片，再放入毛肚，最后淋麻辣味汁拌匀，装盘即可。

芥末百叶 牛肉

原料 毛肚150克，西芹50克

调料 葱段、姜段、芥末膏、冷鲜汤、香油、醋、盐各适量

做法

1. 毛肚洗净，切片。西芹洗净，切成长段，入沸水锅中氽水至断生，捞出凉凉。

2. 锅入清水、葱段、姜段烧沸，放入毛肚氽至断生，捞出凉凉。

3. 盐、冷鲜汤、醋、芥末膏、香油调匀，成咸酸带冲味的芥末味汁。盘内放西芹、毛肚，淋上芥末味汁，拌匀即可。

竹笋炒牛百叶 牛肉

原料 牛百叶300克，竹笋100克

调料 葱丝、姜丝、香菜段、精炼油、酱油、绍酒、盐各适量

做法

1. 牛百叶洗净，切成宽条。竹笋洗净，切成片。

2. 锅入油烧热，放入牛百叶条爆炒至脆，装盘。

3. 锅入油烧热，放入葱丝、姜丝爆香，调入绍酒、酱油、盐，再放入牛百叶、笋片、香菜段翻炒均匀即可。

热炒百叶 牛肉

原料 牛百叶350克，松子仁100克

调料 葱丝、香菜段、芝麻、胡椒粉、辣椒面、香油、白糖、盐各适量

做法

1. 牛百叶用热水稍烫，刮去黑皮，洗净，切成丝，入沸水锅中焯水，捞出备用。

2. 锅入油烧热，放入葱丝、香菜段炒香，再加入牛百叶、松子仁、芝麻、盐、白糖、辣椒面、香油、胡椒粉炒匀，装盘即可。

杭椒炒羊肉丝 羊肉

原料 羊肉300克，芹菜200克，杭椒50克

调料 香菜、姜丝、豆瓣酱、水淀粉、盐各适量

做法

1. 羊肉清洗干净，切成细丝，加入盐、水淀粉抓匀上浆，待用。

2. 杭椒清洗干净，切成细丝。芹菜、香菜分别清洗干净，切成段。

3. 锅入油烧至八成热，下入羊肉丝滑炒，捞出沥油。

4. 锅留少许底油烧热，放入羊肉丝、姜丝、芹菜段、香菜段、杭椒丝，加入豆瓣酱、盐调味，炒匀装盘即可。

家常炒羊肉丝 羊肉

原料 羊肉300克

调料 葱花、姜丝、蒜丝、干辣椒、胡椒粉、花椒水、香油、植物油、酱油、料酒、盐各适量

做法

1. 羊肉洗净，切成丝，放入清水中浸泡，捞出沥干水分，加花椒水、胡椒粉、料酒拌匀。

2. 干辣椒泡软，切成细丝。

3. 锅入油烧热，放入辣椒丝，煸至变色，捞出。锅内留底油烧热，放入羊肉煸至肉丝呈深黄色，加入葱花、姜丝、蒜丝稍煸，加入酱油、盐，淋上香油，出锅装盘即可。

辣爆羊肚 羊肉

原料 羊肚500克

调料 蒜末、干辣椒丝、牛奶、水淀粉、香油、虾油、料酒、盐各适量

做法

1. 羊肚撕去肚油、肚皮，片去里面的子皮，在一面剞花刀，切段，洗净。

2. 将盐、蒜末、牛奶、料酒、水淀粉调制成调味汁。

3. 锅入香油烧至五成热，下入羊肚，用铁筷子拨开，待羊肚卷花，捞出沥油。

4. 锅入油烧热，炒香干辣椒丝，放入羊肚，倒入调味汁、香油拌匀，出锅装盘即可。上桌时带虾油一小碟佐食。

青椒美容兔

原料 熟兔肉300克，青椒100克

调料 花椒粉、冷鲜汤、香油、辣椒油、精炼油、醋、酱油、白糖、盐各适量

做法

1. 青椒洗净，切成粗丝。熟兔肉切大块。

2. 净锅上火，入清水烧沸，放入青椒氽水，加入精炼油断生，捞起凉凉，放入圆盘垫底，兔丝盖在上面，待用。

3. 将冷鲜汤、盐、白糖、醋、酱油、花椒粉、辣椒油、香油调匀，淋在兔丝上即可。

冰糖兔丁

原料 兔肉350克

调料 葱段、姜段、鲜汤、冰糖、料酒、香油、精炼油、盐各适量

做法

1. 兔肉洗净，斩成丁放入小盆中，加盐、料酒、姜段、葱段码味。冰糖砸碎。

2. 锅入精炼油烧热，放入兔丁炸至定型，捞出，再放入兔丁重炸至色棕红，捞出。

3. 锅入精炼油、冰糖，加热至冰糖溶化，呈浅棕红色，加入鲜汤、兔丁、盐、冰糖、料酒，用文火收汁至水分将干时，加入香油，继续收至亮油，出锅，凉凉放入冰糖即可。

豆豉拌兔丁

原料 兔肉500克，豆豉、酥花生仁各5克

调料 葱段、姜段、花椒粉、郫县豆瓣、香油、精炼油、辣椒油、酱油、白糖、盐各适量

做法

1. 兔肉洗净，放入温水锅中，加姜段、葱段煮熟，关火浸泡约10分钟，捞出凉凉，待用。

2. 兔肉斩成方丁，郫县豆瓣剁细，豆豉加工成蓉。

3. 锅入精炼油烧热，放入豆瓣、豆豉蓉翻炒，起锅凉凉。

4. 将酱油、白糖、炒香的郫县豆瓣、豆豉蓉、辣椒油、香油、花椒粉调匀，成麻辣味汁。将葱段、兔丁、酥花生仁、盐、调好的麻辣味汁拌匀，装盘即可。

辣椒兔丝 兔肉

原料 熟兔肉300克，青红椒100克

调料 冷鲜汤、花椒粉、香油、辣椒油、醋、酱油、白糖、盐各适量

做法

1. 青红椒洗净，切丝。熟兔肉切丝。

2. 锅入清水烧沸，放入青椒汆水，捞起凉凉，放入圆盘垫底，再将兔丝盖在上面。冷鲜汤、白糖、醋、酱油、花椒粉、辣椒油、香油、盐放入碗内调匀，浇淋在兔丝上即可。

干煸兔腿 兔肉

原料 兔腿200克，干灯笼辣椒50克，香葱少许

调料 姜末、蒜末、花椒、辣椒粉、生抽、料酒、盐各适量

做法

1. 兔腿洗净，切块，冲去血污，沥干水分，加姜末、蒜末、花椒、辣椒粉、盐、料酒腌渍。香葱洗净，切段备用。

2. 锅入油烧热，下入兔腿，炸至酥熟，捞出沥油。

3. 锅入油烧热，加入姜末、蒜末炝锅。放入灯笼辣椒、花椒、生抽调味，再放入炸好的兔腿，翻炒均匀，撒香葱段出锅即可。

莴苣黄焖兔 兔肉

原料 兔肉500克，莴笋120克

调料 葱段、姜段、胡椒粉、鲜汤、水淀粉、熟猪油、绍酒、酱油、盐各适量

做法

1. 莴笋去皮，切块。兔肉洗净，切块，入沸水中汆烫，捞出沥干水分。

2. 锅入油烧热，放入葱段、姜段煸炒，放入兔块，调入酱油、绍酒、盐、鲜汤、胡椒粉，加盖文火稍焖，开盖加入莴笋，用旺火再焖，捞去葱段、姜段，用水淀粉勾芡，收汁即可。

山楂炖兔肉 兔肉

原料 兔肉500克，山楂10个，大枣5个

调料 葱花、姜末、料酒、白糖、盐各适量

做法

1. 兔肉洗净，切成方块，入沸水锅中焯水，洗净血污，捞出，沥干水分。

2. 兔肉放入砂锅内，加入葱花、姜末、山楂、大枣、料酒、盐、白糖一起炖至兔肉熟烂，出锅装盘即可。

椒麻童子鸡 （鸡肉）

原料 童子鸡400克，青椒50克

调料 葱花、青花椒、熟白芝麻、红油、香油、白糖、盐各适量

做法

1. 鸡肉洗净，入沸水锅中煮熟，捞出，沥干水分。

2. 青花椒洗净，剁细。青椒去蒂、籽洗净，切成粒。

3. 净锅置火上，倒入鸡汤，放入盐、白糖、红油、香油、花椒、青椒粒调味，旺火烧开，淋在鸡肉上，撒上熟白芝麻、葱花，装盘即可。

红油明笋鸡 （鸡肉）

原料 土公鸡200克，雪笋100克

调料 姜末、蒜末、香菜段、辣椒末、辣椒油、花椒油、香油、酱油、盐各适量

做法

1. 把土公鸡煮熟，捞出凉凉，改刀成块。雪笋用温水泡两天，上笼蒸制，待雪笋回软，改刀切丝状，待用。

2. 将土鸡块、姜末、蒜末、辣椒末、花椒油、辣椒油、香油、酱油、盐、雪笋丝一起拌匀，撒上香菜段即可。

姜米鸡 （鸡肉）

原料 土鸡200克

调料 葱花、姜末、刀口辣椒、辣椒油、香油、红酱油、醋、盐各适量

做法

1. 土鸡宰杀，洗净，放入沸水锅中煮熟，捞出凉凉，切成长块。

2. 姜末加鸡汤泡10分钟，加盐、香油，制成姜汁。

3. 将煮熟的鸡肉块放入盆中，加入姜汁、刀口辣椒、盐、醋、红酱油拌匀，再加入辣椒油、香油、葱花即可。

香飘怪味鸡 （鸡肉）

原料 小公鸡750克，葱丝适量

调料 葱花、熟白芝麻、花椒粉、辣椒油、香油、酱油、醋、麻酱、白糖、盐各适量

做法

1. 小公鸡洗净，入沸水锅中焯水，捞出。锅入清水、盐、葱花，加入小公鸡煮熟，放入汤中浸泡片刻，捞出沥干，抹上香油，撕块。

2. 盘底铺上葱丝，将鸡块摆在上面。再将白糖、辣椒油、酱油、花椒粉、麻酱、醋调成味汁，浇在鸡块上，撒上熟白芝麻即可。

风暴子鸡 （鸡肉）

原料 三黄鸡300克

调料 葱花、姜片、鲜花椒、熟白芝麻、干辣椒、小米椒、芝麻、花生碎、植物油、生抽、盐各适量

做法

1. 三黄鸡洗净，入沸水锅中氽烫两遍。锅入清水，加葱花、姜片、盐烧开，放入三黄鸡，文火烧开，关火浸泡，取出斩件，装盘。

2. 小米椒切圈，加入鲜花椒、生抽、芝麻拌匀，调成味汁。

3. 另起锅入油烧热，放入花椒、干辣椒、葱花、姜片爆香。热油倒入味汁中调匀，淋在鸡肉上，撒上少许葱花、花生碎、熟白芝麻即可。

芥面鸡丝 （鸡肉）

原料 盐水鸡100克

调料 葱花、香菜末、花生碎、芥末粉、红酱油、精炼油、辣椒油、醋、盐各适量

做法

1. 干芥末粉用热水浸发，放入沸水锅中煮熟，捞出凉凉，待用。

2. 盐水鸡用手撕成鸡丝。

3. 芥末粉中加入精炼油、盐、红酱油、醋、辣椒油拌匀，再加入鸡丝装盘，最后撒上花生碎、葱花、香菜末即可。

凉粉鱼拌鸡 （鸡肉）

原料 小仔公鸡150克，鱼肉、豌豆凉粉各100克

调料 香菜段、郫县豆瓣酱、辣椒油、白糖、盐各适量

做法

1. 鱼肉洗净，切成小粒，炸香。郫县豆瓣酱剁细，加辣椒油调散。

2. 仔公鸡洗净，入沸水锅中煮熟，凉凉去骨，切成片。凉粉切粗条，垫在圆盘底，把鸡肉放在上面摆好。

3. 将豆瓣酱、盐、白糖调成家常味汁，淋在鸡肉上面，撒上鱼肉粒、香菜段即可。

原料 童子鸡300克，花生米50克，杭椒适量

调料 葱段、姜片、蒜片、干辣椒、鲜花椒、香辣酱、色拉油、红油、香油、料酒、白糖、盐各适量

做法

1. 葱洗净，切马耳葱。童子鸡洗净，剁方块，加葱段、姜片、蒜片、料酒、盐腌渍片刻。杭椒洗净，切滚刀块。

2. 锅入色拉油烧热，放入鸡块文火浸炸，至色泽呈金黄，捞出沥油。

3. 锅留油烧热，放入干辣椒、鲜花椒、杭椒块、葱段、姜片、蒜片、香辣酱煸香，下鸡块旺火翻炒，用白糖调味，淋红油、香油出锅，装入烧热的干锅内，撒上花生米即可。

干锅辣子鸡 〔鸡肉〕

薯仔味道鸡 〔鸡肉〕

原料 土鸡300克，土豆、青红椒各150克

调料 葱段、姜片、植物油、红油、郫县豆瓣酱、料酒、白糖、盐各适量

做法

1. 土鸡宰杀，洗净，切斩成块，冲去血水，沥干水分。土豆去皮，洗净，切滚刀块。青红椒切大片。

2. 净锅上火，倒入植物油、红油烧热，放入郫县豆瓣酱煸香，下入青红椒片、鸡块、土豆块翻炒，加入适量清水，以葱段、姜片、盐、白糖、料酒调味，煮沸，转文火煨至肉熟、土豆软糯即可。

砂锅山海珍 〔鸡肉〕

原料 净土鸡300克，大白菜、笋、冬菇、海参、火腿各100克

调料 高汤、郫县豆瓣酱、太白粉、料酒、植物油、盐各适量

做法

1. 土鸡洗净，切块。海参泡发，洗净。火腿切片。

2. 大白菜洗净，叶片用手抓开，叶梗用手撕开。笋洗净，切片。冬菇泡发，切块。

3. 将大白菜、笋、冬菇过油，用高汤焖煮备用。郫县豆瓣酱炒香，调汤。

4. 将鸡块、海参、火腿、大白菜、笋、冬菇摆入砂锅内，加高汤、盐，文火煨至入味，用太白粉勾芡即可。

干炒辣子鸡 〔鸡肉〕

原料 鸡300克

调料 葱段、姜片、蒜片、花椒、干辣椒、熟白芝麻、食用油、料酒、白糖、盐各适量

做法

1. 鸡宰杀，洗净，切成小块，放盐、料酒拌匀，放入热油锅中炸至外表变干，呈深黄色，捞起待用。

2. 干辣椒切成段。

3. 锅入油烧热，放入姜片、蒜片炒出香味，倒入干辣椒、花椒翻炒至气味开始呛鼻，倒入炸好的鸡块炒匀，撒入葱段、白糖、熟白芝麻炒匀，起锅即可。

折耳根鸡块 〔鸡肉〕

原料 鸡脯肉500克，折耳根适量

调料 葱花、姜末、酥花生米碎、熟芝麻、花椒粒、花椒粉、辣椒油、醋、酱油、白糖、盐各适量

做法

1. 锅入清水，放入鸡脯肉，调入葱花、姜末、花椒粉、盐煮熟，捞出凉凉，切成大块。折耳根洗净，切段。

2. 将酱油、盐、醋、白糖、花椒粉、花椒粒、葱花、姜末、辣椒油调匀，成麻辣味汁。

3. 鸡块放入盘内，加折耳根，淋麻辣味汁拌匀，撒上熟芝麻、酥花生米碎即可。

翡翠糊辣鸡条 〔鸡肉〕

原料 鸡脯肉300克，莴笋100克，干辣椒10克，鸡蛋1个

调料 葱段、姜片、蒜片、干豆粉、水豆粉、清汤、花椒、食用油、酱油、香油、醋、料酒、白糖、盐各适量

做法

1. 莴笋洗净，切条，沸水焯熟，凉凉。干辣椒切节。

2. 鸡脯肉洗净，切成粗条，用料酒、盐调味，加蛋清、干豆粉抓匀上浆。

3. 锅入油烧热，将鸡条炸呈蛋黄色、皮酥，捞出。

4. 将干辣椒、花椒炸香，加清汤，放入鸡条、莴笋条、姜片、蒜片、葱段、酱油、白糖、料酒炒匀，勾芡，收汁，淋入醋、香油即可。

原料 鸡胸脯肉300克，红尖椒、青尖椒各100克，鸡蛋清1个

调料 葱末、姜末、水淀粉、高汤、酱油、料酒、花生油、花椒油、盐各适量

做法

1. 鸡脯肉洗净，切成丁，加盐、蛋清、水淀粉拌匀。红尖椒、青尖椒洗净，切成丁。

2. 锅入花生油烧热，放入鸡丁炒散，捞出沥油。

3. 锅留底油烧热，放入葱末、姜末、红尖椒丁、青尖椒丁煸炒出香味，倒入酱油、料酒、高汤、鸡丁翻炒，再用水淀粉勾芡，淋花椒油炒匀即可。

辣椒炒鸡丁 〔鸡肉〕

宫保鸡丁 〔鸡肉〕

海椒鸡球 〔鸡肉〕

原料 鸡胸肉250克，花生米50克，番茄1个

调料 葱花、姜片、蒜片、干辣椒、花椒、辣椒面、酱油、植物油、水淀粉、鲜汤、醋、料酒、白糖、盐各适量

做法

1. 鸡肉洗净，用刀背捶一遍，切成方丁。干辣椒切成节。鸡丁加盐、水淀粉搅拌匀上浆。番茄切片，铺盘底备用。

2. 酱油、白糖、醋、水淀粉、鲜汤调匀成味汁。

3. 锅入油烧至六成热，放辣椒节炸至棕红色，放入花椒炸香，倒入鸡丁炒至发白，烹料酒，下姜片、蒜片、辣椒面炒至上色，淋入调味汁，撒葱花、花生米，快速颠转，起锅装盘即可。

原料 生仔鸡肉350克

调料 葱段、姜片、干辣椒、胡椒粉、辣椒面、清汤、水淀粉、料酒、酱油、植物油、盐各适量

做法

1. 鸡肉洗净，切成厚片，用料酒、酱油拌匀。

2. 锅入油烧热，放入鸡片微炸，捞出沥油。

3. 炒锅置火上，放入底油，待油热放入干辣椒、姜片、葱段、辣椒面炒匀，放入鸡丁，烹入清汤，加盐、酱油、胡椒粉烧4分钟，用水淀粉勾芡，出锅装盘即可。

风沙脆鸡丁

原料 鸡丁300克，面包渣100克

调料 葱段、蒜片、植物油、青红小米椒圈、蛋清、生抽、料酒、白糖、盐各适量

做法

1. 鸡丁洗净，沥干，加盐、料酒、白糖、生抽腌至入味，裹匀蛋清，粘面包渣。

2. 炒锅置火上，倒入植物油烧热，下入鸡丁炸出香味，捞出沥油。

3. 锅留底油，下入葱段、蒜片、青红小米椒圈、盐煸香，下入鸡丁炒匀即可。

特点 干香脆爽，香辣适中。

麻辣鸡条

原料 鸡腿300克

调料 葱花、姜末、花椒粉、香油、辣椒油、酱油、白糖、盐各适量

做法

1. 净锅置火上，倒入清水，放入鸡腿，加葱花、姜末煮至刚熟，端离火口，浸泡片刻，捞出凉凉，斩成条块，装摆盘内。

2. 将酱油、白糖调匀成咸鲜带甜味，再加入辣椒油、花椒粉、香油拌匀，调成麻辣味汁，淋在鸡块上面，撒上葱花即可。

红油麻香鸡

原料 鸡腿300克

调料 葱花、姜末、熟白芝麻、香油、辣椒油、酱油、白糖各适量

做法

1. 鸡腿洗净。酱油、白糖调成咸鲜带甜味，再加入辣椒油、香油调匀，成辣椒油味汁。

2. 净锅置火上，倒入水，放入鸡腿，加入葱花、姜末煮熟，关火，带原汤浸泡约15分钟，捞出凉凉，斩成条块，摆在放有葱花的菜肴盘内，淋上辣椒油味汁，撒上熟白芝麻、葱花即可。

原料 鸡腿肉350克，炸松子、青红椒节各100克

调料 葱段、姜片、蒜片、植物油、花椒、干辣椒段、鲜汤、酱油、香油、料酒、白糖、盐各适量

松仁花椒鸡丁 〔鸡肉〕

做法

1. 鸡腿肉洗净，切成方丁，用料酒、酱油、盐拌匀，腌渍20分钟，备用。

2. 锅入油烧热，放入鸡丁炸至呈金黄色，捞出，沥油。

3. 锅留底油烧热，放入花椒、干辣椒段炒香，再放入姜片、葱段、蒜片炒香，倒入炸过的鸡丁炒匀，加料酒、酱油、白糖、鲜汤、青红椒节调味，收汁，撒上松子仁，淋入香油，出锅即可。

美味碎椒鸡 〔鸡肉〕

原料 鸡腿肉400克

调料 泡辣椒、野山椒、青椒、鲜汤、豆豉、郫县豆瓣、五香粉、精炼油各适量

做法

1. 鸡腿肉洗净，入沸水锅中煮熟，凉凉，切块备用。青椒洗净，切粒。豆豉、泡辣椒、豆瓣、野山椒分别剁碎。

2. 净锅上火，入精炼油烧热，放入豆豉碎、郫县豆瓣碎、泡辣椒炒香，倒入野山椒、五香粉、鲜汤，收浓汤汁成酱汁，凉凉，备用。

3. 另起锅入油烧热，放入青椒粒炒香。将煮好的鸡肉整齐地装入盘中，淋上调好的酱汁，撒上青椒粒即可。

家常豆腐鸡 〔鸡肉〕

原料 鸡腿300克，豆腐200克，梅菜50克

调料 葱末、姜末、蒜末、香菜段、料酒、酱油、郫县豆瓣酱、水淀粉、植物油、香油、白糖、盐各适量

做法

1. 鸡腿去骨，切成块，加葱末、姜末、蒜末、梅菜、盐、酱油、料酒拌匀，腌渍30分钟。豆腐切块。

2. 锅入油烧热，放入鸡腿肉煸熟，捞出。

3. 锅留余油烧热，下入郫县豆瓣酱炒香，倒入沸水，加料酒、酱油、白糖调味，放入豆腐块、鸡肉、梅菜炖煮至入味，用水淀粉勾芡，出锅撒上香菜段，淋香油即可。

香辣茄子鸡 （鸡肉）

原料 茄子200克，鸡腿300克

调料 葱末、蒜末、酱油、淀粉、水淀粉、辣豆瓣、
植物油、料酒、醋、白糖各适量

做法

1. 鸡腿洗净，切块，加料酒、酱油、淀粉腌渍。
   茄子洗净，切滚刀块，入盐水中浸泡，沥干水
   分。鸡块、茄子分别过油，沥油。

2. 锅入油烧热，加入蒜末、辣豆瓣、酱油、白
   糖、醋、水淀粉烧至入味，撒葱末炒匀，盛入
   煲内，文火焖一小会儿即可。

鱼香脆鸡排 （鸡肉）

原料 去骨鸡腿肉400克，鸡蛋2个

调料 姜末、蒜末、泡红辣椒、面粉、水淀粉、植
   物油、香油、醋、酱油、料酒、白糖、盐各
   适量

做法

1. 鸡腿肉洗净，切厚片，加盐、面粉、鸡蛋抓匀上
   浆。泡红辣椒剁成细蓉，加盐、白糖、醋、料
   酒、酱油、香油、水淀粉调成味汁。

2. 锅入油烧热，将鸡肉炸至金黄色，捞出切条。

3. 另起锅，炒香姜末、蒜末、泡红辣椒，烹味汁，
   淋在鸡排上即可。

冬笋炒鸡 （鸡肉）

原料 去骨鸡腿肉500克，冬笋块100克

调料 葱末、姜片、蒜片、植物油、鸡汤、干辣
   椒、酱油、盐各适量

做法

1. 鸡腿肉洗净，切块，加盐腌入味，入热油中炸
   熟，加冬笋块略炸，捞出。

2. 锅留底油微热，烹酱油、鸡汤，放入鸡块、
   盐，收汁，出锅。

3. 净锅上火，入植物油烧热，放入干辣椒、葱
   末、姜片、蒜片爆香，倒入鸡块炒匀即可。

豉香鸡翅中 （鸡肉）

原料 鸡翅400克

调料 郫县豆瓣、原味豆豉、酱油、料酒、植物油
   各适量

做法

1. 鸡翅洗净，中间斩断，用料酒、酱油腌渍片刻。

2. 锅入油烧热，加入郫县豆瓣、原味豆豉翻炒爆
   香，至颜色呈红色，加入鸡翅翻炒，等待汤汁
   剩下不到一半时，改旺火收汁，装盘即可。

香酥南乳翅 鸡肉

原料 鸡翅中8个

调料 蒜汁、腐乳汁、鸡蛋液、淀粉、面包糠、植物油、料酒、盐各适量

做法

1. 鸡翅中洗净，加蒜汁、料酒、腐乳汁、盐腌渍2小时，拍上淀粉，裹上鸡蛋液，滚匀面包糠。

2. 锅入油烧至160℃，放入处理好的鸡翅中炸至定型，关火，待鸡翅中浸熟透，捞出。油再次加热，放入鸡翅中复炸至呈金黄色即可。

辣子鸡翅 鸡肉

原料 鸡翅中350克

调料 葱丝、姜丝、干辣椒段、花椒、椒盐、生粉、植物油、料酒、盐各适量

做法

1. 鸡翅中洗净，切开，用盐、料酒略腌，再放入生粉上浆。

2. 锅入油烧热，放入葱丝、姜丝煸香，捞出渣，再入花椒、干辣椒段炒香，倒入鸡翅中翻炒，撒入椒盐，再翻炒几下，出锅即可。

金沙糯米凤翅 鸡肉

原料 鸡翅300克，糯米100克，鸡蛋2个

调料 面包糠、酱油、辣椒粉、胡椒粉、红曲、淀粉、料酒、白糖、植物油、盐各适量

做法

1. 糯米泡开，加盐、油蒸熟。面包糠炸至金黄，加辣椒粉、盐拌匀。

2. 鸡翅氽水，去骨，用盐、酱油、胡椒粉、白糖、料酒、红曲腌渍2小时，填入糯米，上笼蒸至八成熟，取出，加鸡蛋、淀粉上浆，炸熟，放入炸好的面包糠，翻炒均匀即可。

碧绿鸡胗 鸡肉

原料 鸡胗250克，青豆200克

调料 辣椒油、胡椒粉、高粱酒、红椒米、精炼油、盐各适量

做法

1. 鸡胗去掉胗衣，洗净。锅入清水烧开，烹入少许的高粱酒，放入鸡胗煮熟，捞出沥干水分，待用。

2. 青豆放入沸水锅中氽水至熟捞出，待用。

3. 锅入精炼油烧热，放入红椒米煸香，再放入鸡胗、青豆、辣椒油、盐、胡椒粉炒匀，装盘即可。

爆炒鸡胗花 〔鸡肉〕

原料 鸡胗350克

调料 姜末、蒜片、红尖椒、八角、花椒、料酒、植物油、老抽、白糖、盐各适量

做法

1. 鸡胗洗净，切成薄片。红尖椒洗净，切圈。

2. 锅入油烧热，放入蒜片、姜末、红尖椒圈、八角、花椒爆锅，放入鸡胗片，旺火翻炒，烹入适量的料酒、老抽、白糖、盐继续旺火翻炒，炒至鸡胗变色，汤汁收干，出锅装盘即可。

麻辣煸鸡胗 〔鸡肉〕

原料 鸡胗200克，香菜100克

调料 红干辣椒段、花椒、八角、生抽、植物油、盐各适量

做法

1. 鸡胗洗净，入清水锅中，加入八角旺火煮开，文火炖1小时，捞出凉凉，切成薄片。

2. 香菜择洗干净，切成长段。

3. 锅入油烧热，放入红干辣椒段、花椒炒香，放入鸡胗，调入生抽、盐炒匀，撒香菜段即可。

莴笋鸡杂 〔鸡肉〕

原料 鸡胗、莴笋、鸡肝、鸡肠各150克，芹菜、水发木耳各50克

调料 姜末、蒜末、泡椒、泡椒酱、水淀粉、色拉油、料酒、盐各适量

做法

1. 鸡胗、鸡肝、鸡肠分别洗净，鸡胗、鸡肝切片，鸡肠切段，用盐、料酒腌入味，拌上水淀粉搅匀。

2. 木耳洗净，撕块。莴笋去皮，切片。泡椒切段，一部分剁细。芹菜切段。莴笋片、木耳余熟。

3. 锅入油烧热，下鸡杂滑散，捞出。锅留底油，将姜末、蒜末、泡椒酱、泡椒末炒香，加料酒、鸡杂、莴笋片、木耳、芹菜段，加盐翻炒入味即可。

原料 鸡肝300克，冬笋片200克，干辣椒、木耳各50克

调料 葱末、姜末、蒜末、鸡汤、植物油、豆瓣、盐各适量

做法

1. 鸡肝切成小块，入沸水锅中汆烫，去油、浮沫，捞出，装盘待用。

2. 木耳用温水泡发，洗净，撕小块。

3. 锅入油烧热，放入豆瓣、干辣椒略炒，迅速放入葱末、姜末、蒜末爆香，放入鸡肝块、冬笋片煸炒至七成熟，加盐调味，出锅时加入鸡汤，最后装盘即可。

提示 用流动的水冲洗鸡肝并浸泡，可除血腥。

鱼香鸡肝 〔鸡肉〕

麻辣煮鸡肝 〔鸡肉〕

原料 鲜鸡肝350克

调料 葱段、葱花、姜末、豆瓣酱、鲜汤、香油、花椒油、红油、植物油、酱油、料酒、白糖、盐各适量

做法

1. 鲜鸡肝清洗干净，入沸水锅中汆烫，捞起凉凉，去除筋膜、杂质。

2. 姜末、葱段、料酒入沸水锅，烧至沸腾，改用文火，放入鸡肝煮熟，捞起，切成片，摆入盘中。

3. 锅入油炒葱段、姜末、豆瓣酱、鲜汤，放入盐、白糖、酱油调味，浇在鸡肝上，撒上葱花，将香油、花椒油、红油烧热，淋在鸡肝上即可。

烤椒凤冠 〔鸡肉〕

原料 凤冠500克

调料 芝麻、青椒、干辣椒、油酥花生、香油、精炼油、盐各适量

做法

1. 将凤冠洗净，放入沸水锅中煮熟，用刀切成薄片，待用。青椒洗净，切成细米。油酥花生剁碎。

2. 净锅上火，放入精炼油烧热，放入干辣椒炒至呈深红色，捞出，剁碎。另起锅入少许的精炼油，放入青椒炒出香味，捞出。

3. 凤冠调入盐、香油、油酥花生碎、芝麻、干辣椒碎、青椒碎拌匀，装盘即可。

仔姜蜇皮拌鸭丝 鸭肉

原料 熟板鸭肉300克，海蜇皮150克

调料 仔姜丝、甜椒、香油、冷鲜汤、盐各适量

做法

1. 甜椒洗净，去籽、蒂，切长丝。仔姜丝、甜椒丝拌匀，加盐调味。

2. 鸭肉切丝。海蜇皮切丝，泡去咸味。

3. 盐、冷鲜汤、香油调匀，成鲜味汁，倒入鸭丝、甜椒丝、海蜇皮丝、仔姜丝拌匀，装盘即可。

怪味鸭块 鸭肉

原料 鸭肉500克

调料 葱末、熟白芝麻、花椒粒、辣椒油、醋、酱油、白糖、盐各适量

做法

1. 鸭肉洗净，切成方块，入沸水锅中煮熟，捞出，沥水，放入盘中。

2. 葱末、辣椒油、花椒粒、熟白芝麻、酱油、醋、白糖、盐调匀，成调料汁。

3. 调好的调料汁浇在鸭块上，拌匀即可。

香辣鸭丝 鸭肉

原料 熟板鸭肉200克

调料 姜丝、干辣椒、花椒、精炼油、香油、郫县豆瓣、白糖、盐各适量

做法

1. 姜丝加盐腌渍片刻。熟板鸭肉切成长丝。郫县豆瓣剁碎。

2. 净锅上火，入精炼油烧至120℃，放入郫县豆瓣炒香，再放入干辣椒、花椒继续炒出香味，倒入鸭丝、姜丝、白糖、香油，快速翻炒入味，起锅凉凉，装盘即可。

姜爆鸭丝 鸭肉

原料 熟熏鸭350克，青蒜苗50克

调料 姜丝、红辣椒丝、酱油、料酒 、白糖、精炼油、盐各适量

做法

1. 熟熏鸭去骨，切成粗丝。青蒜苗洗净，切成长段。

2. 酱油、白糖、料酒倒入碗中调匀，成调味料。

3. 锅入油烧热，放入鸭丝煸炒，捞出，沥油。锅内留油，下入姜丝、红辣椒丝煸炒，放入鸭丝、蒜苗炒出香味，加调味料、盐翻炒均匀，装盘即可。

仔姜掐菜炒鸭丝

原料 熟熏鸭300克，绿豆芽100克

调料 嫩姜、红甜椒、植物油、酱油、香油各适量

做法

1. 熟熏鸭剔骨，取净肉，切成细丝。红甜椒、嫩姜分别洗净，切成细丝。

2. 净锅上火，放入植物油旺火烧至六成热，下入鸭丝爆炒，加入姜丝、甜椒丝炒至断生，加酱油、绿豆芽翻炒均匀，淋入香油，出锅装入盘中即可。

脆椒鸭丁

原料 鸭脯肉300克，油炸花生米100克，蛋清1个

调料 水淀粉、干辣椒、郫县豆瓣、料酒、红油、植物油、白糖、盐各适量

做法

1. 鸭脯肉洗净，切丁，加盐、蛋清、水淀粉拌匀上浆。

2. 锅入油烧热，放入鸭丁炸熟，捞出沥油。

3. 锅留底油，放入干辣椒炒至呈焦黄色，加郫县豆瓣炒香，烹料酒，加盐、白糖、鸭丁翻炒，调入红油、油炸花生米炒匀即可。

鸭火炒脆丁

原料 鸭胸脯肉400克，火腿、莴苣各100克，蛋清1个

调料 葱段、水淀粉、清汤、熟猪油、黄酒各适量

做法

1. 鸭胸脯肉洗净，切方丁，用黄酒、蛋清、水淀粉拌匀上浆。莴苣洗净，切丁。火腿切方丁。将清汤、水淀粉调成芡汁，备用。

2. 锅入熟猪油烧热，倒入鸭丁划散，捞出。

3. 另起锅，煸香葱段，下鸭丁、火腿丁、莴苣丁，烹入黄酒炒勾，倒入芡汁即可。

腰果五彩鸭丁

原料 鸭腿350克，泡椒、腰果、胡萝卜、青豆各100克

调料 葱段、清汤、水淀粉、酱油、色拉油、黄酒、盐各适量

做法

1. 鸭腿洗净，切成丁，加盐、水淀粉拌匀上浆。泡椒切成段。胡萝卜切丁。锅入油烧热，下鸭丁滑熟，捞出。腰果过油。

2. 另起锅，下泡椒段、青豆，加黄酒、清汤、酱油、盐调味，勾芡，倒入鸭丁、腰果、胡萝卜丁、葱段炒匀即可。

红油拌鸭掌 （鸭肉）

原料 鸭掌300克，黄瓜100克

调料 蒜末、辣椒油、香油、醋、白糖、盐各适量

做法

1. 黄瓜洗净，切成片，垫在盘底。鸭掌洗净，去骨，切成4块。

2. 净锅入清水，旺火烧开，放入鸭掌块，烫煮至鸭掌熟透，捞出凉凉。

3. 鸭掌块、蒜末、辣椒油、香油、醋、白糖、盐一同拌匀，浸腌约10分钟，至鸭掌块浸入味，将鸭掌放在盘中黄瓜片上即可。

山椒泡鸭掌 （鸭肉）

原料 鸭掌500克，胡萝卜10克，西芹20克，柠檬片2片

调料 花椒、红青椒、野山椒、泡辣椒、干辣椒、胡椒粉、泡菜水、八角、白糖、盐各适量

做法

1. 鸭掌洗净，入沸水锅中煮至断生，捞出，凉凉。

2. 西芹、红青椒、胡萝卜分别洗净，改刀成菱形，放入烧沸的清水锅中煮至断生，捞出凉凉。

3. 锅入清水，加八角、胡椒粉、盐、花椒、野山椒、干辣椒烧沸出味，倒入盆内，加泡菜水、盐、白糖、西芹、红青椒、胡萝卜、柠檬片、泡辣椒、鸭掌泡制半天，即可食用。

双椒鸭掌 （鸭肉）

原料 鸭掌350克，泡山椒碎、小米椒碎各50克

调料 葱花、蒜末、青花椒、茴香末、番茄酱、红油、花生油、蚝油、盐各适量

做法

1. 鸭掌入沸水焯烫。锅入清水、葱花、盐烧开，放入鸭掌，改文火慢煨，去浮沫，待浮沫干净后加入青花椒。待鸭掌熟透，捞出，原汤保留，待用。

2. 锅入花生油烧热，放入青花椒炸香，放入蒜末、泡山椒碎、小米椒碎、茴香末熬出香味，放入蚝油、番茄酱、鸭掌翻炒，加原汤，用文火将鸭掌浸透，起锅。将鸭掌摆盘，淋上红油即可。

风味爆鸭舌 鸭肉

原料 鸭舌400克

调料 葱段、姜片、油辣椒、青椒、孜然粉、美极鲜、花椒粉、料酒、蚝油、白糖、盐各适量

做法

1. 鸭舌洗净，用盐搓揉，洗净，放入盐、料酒、孜然粉、姜片、葱段拌匀，腌20分钟。油辣椒切丝。青椒洗净，切圈。

2. 锅入清水旺火烧开，放入鸭舌蒸10分钟，取出待用。

3. 锅入油烧热，下葱段、青椒圈、姜片炒香，放入花椒粉、孜然粉炒匀，下鸭舌、盐翻炒，倒入白糖、油辣椒丝、蚝油、美极鲜翻炒均匀，出锅装盘即可。

麻香鸭舌 鸭肉

原料 鸭舌300克

调料 葱段、姜片、熟白芝麻、花椒、干辣椒节、五香精油、香油、辣椒油、植物油、料酒、白糖、盐各适量

做法

1. 鸭舌洗净，加料酒、姜片、葱段、盐、五香精油、花椒腌渍2~3小时。

2. 净锅上火，放植物油烧至三成热，放入干辣椒节炒香，倒入鸭舌及腌料，用文火浸炸，翻匀，油温保持在三至四成热，约炸10分钟，趁热捞出装盘，拌入白糖、香油、辣椒油、熟白芝麻即可。

麻辣鸭肠 鸭肉

原料 鸭肠250克，绿豆芽100克

调料 香菜段、花椒、干辣椒、精炼油、香油、辣椒油、酱油、白糖、盐各适量

做法

1. 鸭肠洗净，入沸水锅中汆水断生，捞出凉凉，切成长段。绿豆芽去头、尾洗净，入沸水中汆水断生，捞出，加入盐、香油拌匀。干辣椒切成节。

2. 锅入精炼油烧热，下干辣椒、花椒炒香，捞出，剁细成双椒末。将盐、白糖、辣椒油、酱油、双椒末调匀，成麻辣味汁。

3. 绿豆芽垫盘底，放入鸭肠，调味汁拌匀，撒香菜段即可。

北风酸菜鱼 〔水产〕

原料 北风菌菜100克，鲫鱼300克，酸菜100克

调料 姜片、蒜瓣、泡椒、花椒水、高汤、鸡粉、白胡椒粉、植物油、料酒、盐各适量

做法

1. 北风菌菜洗净，撕成片。

2. 鲫鱼洗净，加盐、料酒、花椒水腌渍30分钟，入油锅中煎熟，取出备用。

3. 锅入油烧热，下入泡椒、姜片、蒜瓣、酸菜炒香，再淋入料酒，加盐、鸡粉拌炒，加高汤、鲫鱼、白胡椒粉煮至汤白即可。

豆豉烧鲫鱼 〔水产〕

原料 鲫鱼350克，豆腐块100克

调料 葱花、姜片、蒜片、高汤、红辣椒粉、花椒粉、水豆粉、菜籽油、豆瓣、豆豉、料酒、盐各适量

做法

1. 鲫鱼洗净，在鱼身两面各划两刀，入热油锅煎至两面呈金黄色，倒出沥油。

2. 锅入油烧热，下入豆瓣、姜片、蒜片、豆豉、花椒粉、红辣椒粉炒出红油香味，加高汤，再放入鲫鱼、豆腐块、料酒烧入味。

3. 用筷子将鱼夹出，放在盘内，豆腐摆在一边，用水豆粉勾芡，撒葱花即可。

干烧海虾鲫鱼 〔水产〕

原料 鲫鱼300克，基围虾100克

调料 葱花、姜片、蒜片、红辣椒段、豆瓣酱、白酒、水淀粉、醋、老抽、白糖、盐各适量

做法

1. 鲫鱼洗净，在鱼身两面各划两刀，与基围虾同入热油锅，炸至呈金黄色，捞出沥油。

2. 锅留底油烧热，放入鲫鱼、基围虾，调入葱花、姜片、蒜片、红辣椒段炒香，放豆瓣酱炒出红色，加白酒、老抽、白糖、盐调味，文火略烧。

3. 鲫鱼熟后盛出，在汤汁中加入醋，用水淀粉勾芡，淋在鲫鱼、基围虾上，撒葱花即可。

原料 鲤鱼1条，四川豆瓣酱8克

调料 葱花、姜片、蒜片、醋、猪板油、酱油、料酒、白糖、盐各适量

做法

1. 鲤鱼洗净，用刀在鱼身两侧剞直刀。猪板油切成比黄豆粒稍大的颗粒。豆瓣酱剁细待用。

2. 锅入油烧热，将鲤鱼下锅炸至两面呈浅黄色，捞出。

3. 净锅上火，放入猪板油稍炒，下豆瓣酱、姜片、蒜片煸炒，烹入料酒、酱油，加适量水，再放入鲤鱼、盐、白糖烧开，改用文火慢烧，待鲤鱼烧至熟透，捞出放入盘中。

4. 锅内剩余汤汁，上火，收汁，加葱、醋烧匀，淋在鱼上。

干烧鲤鱼

水产

酸汤鲤鱼

水产

家常烧鲤鱼

水产

原料 鲤鱼350克，番茄200克，黄豆芽、水发黑木耳各50克

调料 葱花、姜丝、香菜末、鲜汤、番茄酱、植物油、胡椒粉、醋、白糖、盐各适量

做法

1. 鲤鱼洗净，切块，入沸水锅氽一下。鲜番茄洗净，入搅拌机搅打成泥。

2. 炒锅上火，倒入植物油烧热，下葱花、姜丝爆香，放入番茄泥、番茄酱炒香，倒入鲜汤、黄豆芽、黑木耳，调入盐、白糖、醋、胡椒粉，放入鱼块炖至熟透，撒香菜末即可。

原料 活鲤鱼500克

调料 葱末、姜末、蒜末、香菜段、花椒、酱油、植物油、香油、清汤、醋、料酒、白糖、盐

做法

1. 鲤鱼洗净，两面剞花刀。

2. 锅入油烧热，入葱末、姜末、蒜末、花椒爆锅，放入鲤鱼两面略煎，加入料酒、醋、酱油、白糖、盐，加清汤，旺火烧开，慢火煨透，待汤汁变浓，将鱼翻身，旺火收汁，撒香菜段，淋香油出锅即可。

红烧草鱼 水产

原料 净草鱼800克

调料 葱末、姜末、蒜末、香菜末、胡椒粉、生抽、水淀粉、香油、食用油、白糖、盐各适量

做法

1. 净草鱼改刀，涂上盐稍腌渍一会儿。

2. 锅入油烧热，将整条鱼放入锅中炸至两面呈金黄色，捞出沥油。

3. 锅留余油烧热，放入葱末、姜末、蒜末翻炒，加入盐、白糖、草鱼、生抽、胡椒粉，稍焖一会儿，用水淀粉勾薄芡，撒香菜末，淋香油出锅即可。

豆瓣烧草鱼 水产

原料 草鱼500克

调料 葱末、姜末、色拉油、水淀粉、郫县豆瓣、胡椒粉、辣椒油、生抽、盐各适量

做法

1. 草鱼洗净，改刀，热锅放油，放入草鱼，改中文火，两面煎至呈黄色，捞出。

2. 锅留余油，放入郫县豆瓣、葱末、姜末炒出红油，倒入清水烧开，放煎好的草鱼，加盐煮开，中文火烧7分钟，待锅内剩有少量汤汁，将鱼盛出。

3. 锅中剩余汤汁加水淀粉、葱末、生抽、少许胡椒粉，勾芡，淋辣椒油，撒香葱末，将汁浇在草鱼上即可。

肉松飘香鱼 水产

原料 草鱼500克，芹菜段50克，鸡蛋1个，肉松10克

调料 葱花、姜片、蒜片、豆腐乳汁、花椒、干辣椒、鲜汤、泡辣椒、豆瓣、精炼油、老抽、盐各适量

做法

1. 泡辣椒、豆瓣剁碎。草鱼洗净，片成片，加葱花、姜片、盐码味。鱼片用纱布擦干，用鸡蛋清拌匀。锅入精炼油烧热，放鱼片过油。

2. 锅入油烧热，入老抽、泡椒末、豆瓣末、姜片、蒜片炒香，掺入鲜汤，去渣沫，加盐、豆腐乳汁、干辣椒、花椒，放入鱼片，用文火烧熟入味，起锅装入盘内，撒上肉松、葱花即可。

原料 草鱼肉300克，胡萝卜丝少量

调料 姜片、精炼油、葱段、料酒、花椒油、辣椒油、熟芝麻、香油、酱油、醋、白糖、盐各适量

麻辣鱼条 水产

做法

1. 草鱼肉洗净，切成长条，放入碗中加盐、料酒、姜片、葱段拌匀，码味15分钟左右。

2. 锅入精炼油烧热，放入鱼条炸至呈金黄色，再浸炸至酥脆，捞出凉凉，待用。

3. 将鱼条放入碗中，加盐、白糖、醋、酱油、辣椒油、花椒油、香油、熟芝麻拌匀，盘底铺胡萝卜丝，上面摆鱼条，撒熟芝麻即可。

啤酒鱼块 水产

原料 草鱼350克，鸡蛋清1个

调料 姜末、蒜末、干辣椒、干花椒、白胡椒粉、料酒、啤酒、酱油、醋、白糖、盐各适量

做法

1. 草鱼洗净，切小方块，加姜末、盐、料酒拌匀，码味，用鸡蛋清挂浆。

2. 锅入油烧至五成热，滑入鱼块，炸至呈金黄色，捞出。

3. 锅留少许油，放入姜末、蒜末、干辣椒、干花椒爆香。放入鱼块、啤酒翻炒。将酱油、醋、白胡椒粉、白糖调制而成的味汁倒入锅中，让鱼块在锅中入味，收干汤汁起锅装盘即可。

宫保鱼丁 水产

原料 草鱼300克，花生仁100克，鸡蛋1个

调料 葱花、干辣椒、豆瓣酱、面包粉、淀粉、白糖、盐各适量

做法

1. 草鱼取净肉，切成丁，加蛋液、淀粉拌匀，拍上面包粉入热油锅略炸，捞出沥油，备用。

2. 锅入油烧热，先下入豆瓣酱、干辣椒炒香，再加入鱼丁、盐、白糖烧至入味，加入花生仁、葱花炒匀，出锅装盘即可。

五柳松子鱼 （水产）

原料 草鱼350克，松子、冬菇丝各50克

调料 葱丝、姜丝、蒜片、清汤、红辣椒丝、植物油、水淀粉、醋、酱油、料酒、白糖、盐各适量

做法

1. 草鱼洗净，沥干水分，两侧剞一字形花刀，放入沸水锅中，再放入葱丝、姜丝、料酒、盐，以文火煮至熟透，盛盘。

2. 锅入油烧热，放入葱丝、姜丝、蒜片、冬菇丝翻炒，倒入清汤，再加白糖、醋、料酒、酱油，水淀粉勾芡，淋在鱼身上，撒上松子、红辣椒丝即可。

麻辣花鲢肉 （水产）

原料 鲢鱼400克，豆粉100克

调料 葱花、干红辣椒、鲜汤、油酥辣椒、青花椒、花椒粉、豆瓣、老抽、白糖、盐各适量

做法

1. 鲢鱼洗净，切成小块，用豆粉、盐拌匀，码入味。干红辣椒切段。

2. 锅入油烧到八成热，放入豆瓣、老抽、白糖，文火慢炒至呈亮色，加入鲜汤烧沸，改中火烧5分钟，倒入鱼块，煮8分钟，再加入干红辣椒段、油酥辣椒、花椒粉、青花椒、葱花，调匀起锅即可。

鲇鱼烧茄子 （水产）

原料 鲇鱼300克，茄子150克

调料 葱花、姜片、蒜片、尖椒圈、辣椒粉、辣椒油、酱油、料酒、盐各适量

做法

1. 鲇鱼洗净，切大块，入沸水锅中焯水，捞出沥干水分。茄子洗净，切条，入热油中略炸，捞出。

2. 锅留油烧热，放入葱花、姜片、蒜片、酱油、料酒爆香，再放入鲇鱼块，加盐、辣椒粉调味，烧至熟透，放入茄条、尖椒圈，旺火烧至汤汁浓稠，淋上辣椒油出锅即可。

原料 鲇鱼300克，山药150克

调料 葱末、姜片、蒜片、香菜段、尖椒圈、辣椒粉、辣椒油、植物油、酱油、料酒、盐各适量

做法

1. 鲇鱼洗净，切大块，入沸水锅中焯水，捞出沥干水分。山药洗净，切条，入热油中略炸，捞出沥油。

2. 锅中留油烧热，放入葱末、姜末、蒜片、酱片、料酒爆香，放入鲇鱼块，加盐、辣椒粉调味，烧至熟透，放入山药条、尖椒圈，旺火烧至汤汁浓稠，淋辣椒油出锅装盘，撒上香菜段即可。

山药烧鲇鱼 水产

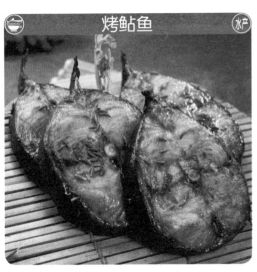

烤鲇鱼 水产

原料 鲇鱼750克

调料 葱花、孜然粉、蚝油、料酒、盐各适量

做法

1. 鲇鱼洗净，切成片。

2. 鲇鱼片加蚝油、料酒、葱花、盐、孜然粉，腌渍半小时，备用。

3. 腌好的鱼片放入烤箱，180℃烤10分钟，取出装入盘中即可。

提示 由于鲇鱼油性较大，在烤制过程会出油，所以腌渍时不必另外抹油。

香辣鲈鱼 水产

原料 鲈鱼500克，熟西蓝花50克

调料 胡椒粉、五香粉、淀粉、水淀粉、热辣椒油、植物油、料酒、辣椒面、白糖、盐各适量

做法

1. 鲈鱼洗净，头、尾留用，鱼肉片切成薄片，将鱼骨剁成块。

2. 鱼骨、鱼片分别加盐、白糖、胡椒粉、料酒腌渍入味，再加辣椒面、五香粉、水淀粉拌匀。鱼头、鱼尾、鱼骨均拍上淀粉炸熟，鱼片滑油至熟。

3. 鱼头、鱼尾摆放于盘两端，中间放入鱼骨、鱼片，用熟西蓝花点缀，浇上热辣椒油即可。

家常黄花鱼 水产

原料 黄花鱼500克

调料 葱花、姜片、蒜片、香菜段、清汤、甜酱、植物油、香油、料酒、盐各适量

做法

1. 黄花鱼洗净，两面剞花刀。

2. 锅入油烧热，放入葱花、姜片、蒜片煸炒出香味，加甜酱炒至变色，烹入料酒调味，再放入黄花鱼，两面略煎，加清汤、盐，旺火烧开，慢火煨透。

3. 汤汁将干，将黄花鱼翻身，收汁，淋入香油，撒上香菜段出锅即可。

麻婆黄花鱼 水产

原料 大黄花鱼1条450克，嫩豆腐200克

调料 葱段、姜片、蒜末、刀口辣椒面、高汤、豆瓣酱、花椒面、水淀粉、香油、酱油、白糖、盐各适量

做法

1. 黄花鱼宰杀洗净，两面剞花刀，加姜片、葱段入笼蒸熟。嫩豆腐切块，入沸水锅中氽水。

2. 锅入油烧热，放入姜片、蒜末爆香，下入豆瓣酱、花椒面、刀口辣椒面炒出香味，倒入高汤，旺火烧开，加入酱油、白糖调味。放入嫩豆腐，改文火烧至入味，用水淀粉勾芡，淋入香油。

3. 将豆腐、汤汁浇在蒸好的黄花鱼上，撒上花椒面即可。

红油带鱼 水产

原料 带鱼400克，红杭椒段30克，香菜段10克

调料 葱末、姜末、蒜末、面粉、料酒、食用油、红油、绍酒、白糖、盐各适量

做法

1. 带鱼洗净，切段，用盐、绍酒拌匀腌渍入味，拍上面粉。

2. 锅入油烧热，放入鱼块略炸，捞出沥油。

3. 锅留油烧热，放入葱末、姜末、蒜末、红杭椒段、料酒、红油炒香。加水烧开，放入带鱼，用盐、白糖调味，烧至入味出锅即可。

原料 带鱼500克

调料 葱段、姜片、蒜片、酱油、植物油、醋、料酒、白糖、盐各适量

做法

1. 带鱼洗净，切成段。锅入油烧热，下入带鱼，炸至两面呈浅黄色，捞出沥油。

2. 锅留余油烧热，下入葱段、姜片、蒜片稍炒，加入料酒、酱油、白糖、醋、盐，倒入水，随即把鱼放入锅中，烧开，转文火慢炖，待鱼熟透，盛入盘中。汤汁收稠，浇在鱼上即可。

水煮带鱼 水产

红烧带鱼 水产

原料 带鱼500克

调料 葱末、姜末、蒜末、香菜末、酱油、干辣椒、花椒、郫县豆瓣、淀粉、植物油、白糖各适量

做法

1. 将带鱼洗净，切成长段，将两面裹上薄薄的干淀粉。

2. 锅入油烧热，下入带鱼，炸至两面呈浅黄色，捞出沥油。

3. 锅留余油烧热，放入干辣椒、葱末、姜末、蒜末、花椒炒香，加入郫县豆瓣炒出香味，放入带鱼段，倒入水、酱油、白糖中火焖10分钟，旺火收干汁，装盘，撒上香菜末即可。

泡菜烧带鱼 水产

原料 冻带鱼300克，泡青菜50克

调料 葱段、姜片、蒜片、泡红辣椒、胡椒粉、水淀粉、鲜汤、植物油、酱油、料酒、盐各适量

做法

1. 带鱼洗净，切成长段。泡红辣椒切成方形。泡青菜切成薄片。

2. 锅入油烧热，放入带鱼炸至两面呈黄色，捞出沥油。锅留底油，下入泡红辣椒、泡青菜、葱段、姜片、蒜片炒香，倒入鲜汤，放入带鱼，加入盐、料酒、酱油、胡椒粉烧至入味。

3. 将鱼入盘，锅内汤汁用水淀粉勾芡，加入葱段，收浓汤汁，淋在带鱼上即可。

甜椒带鱼 水产

原料 带鱼250克，红甜椒50克

调料 葱段、生姜、糖色、鲜汤、香油、精炼油、料酒、白糖、盐各适量

做法

1. 红甜椒去籽，洗净，改刀成菱形。带鱼洗净，斩成长段，加盐、料酒、生姜、葱段码味，静置20分钟。

2. 锅入精炼油烧热，放入处理好的带鱼炸至两面呈金黄色，捞出沥油。

3. 锅留余油烧热，下入红甜椒、葱段炒香，倒入鲜汤、糖色、盐、白糖、带鱼，用中火收汁，亮油，淋入香油，起锅，装盘即可。

煎蒸带鱼 水产

原料 带鱼300克，鸡蛋1个，面粉100克

调料 葱花、姜丝、料酒、蒸鱼豉油、盐、精炼油各适量

做法

1. 将带鱼清洗干净，切块，两面切口用料酒、盐、蒸鱼豉油腌渍10分钟，均匀裹上面粉，蘸上蛋液。

2. 锅入少量油烧热，放入处理好的带鱼，煎至两面呈金黄色，捞出沥油。

3. 将煎好的鱼块放入盘中，均匀地倒上蒸鱼豉油，撒上葱花、姜丝，入蒸锅蒸10分钟即可。

葱酥带鱼 水产

原料 带鱼500克，水发香菇10克

调料 葱段、姜片、姜丝、泡辣椒、鲜汤、胡椒粉、精炼油、糖色、香油、料酒、盐各适量

做法

1. 带鱼洗净，斩成长段，加盐、料酒、姜片、葱段码味，静置20分钟。泡辣椒去籽，切段。水发香菇切片。

2. 锅入精炼油烧热，放入带鱼，炸至两面呈金黄色，起锅倒入盆内。

3. 锅留余油，放入泡辣椒段、葱段、香菇片炒香，加鲜汤、盐、胡椒粉、糖色、带鱼、料酒，中火收至汤汁浓稠，加入精炼油、香油，收至亮油，起锅装盘，撒姜丝即可。

原料 鳝鱼片200克，青椒条、红椒条共100克

调料 花椒油、胡豆酱、辣椒油、盐各适量

青椒拌鳝鱼 水产

做法

1. 鳝片切成丝。青红椒洗净，切成条。

2. 净锅上火，倒入清水烧开，下入鳝丝氽水，捞起放入盆中。青红椒条入沸水锅中氽水，断生，倒入盆中。

3. 胡豆酱、盐、辣椒油、花椒油拌匀，调成麻辣味汁，倒入鳝鱼片、青椒条、红椒条拌匀，装入盘中即可。

提示 鳝鱼只能活杀后食用，死后食用有毒。活杀后不可水洗去血，否则不鲜。

花椒鳝段 水产

干煸鳝丝 水产

原料 净鳝鱼肉250克

调料 葱段、生姜、花椒、干辣椒、辣椒油、香油、精炼油、糖色、鲜汤、料酒、白糖、盐各适量

做法

1. 鳝鱼肉加盐洗净，斩成段，加盐、料酒、生姜、葱段码味。干辣椒切成节，待用。

2. 锅入油烧热，放入鳝段，炸至两面呈棕黄色，捞出沥油。

3. 锅入精炼油烧热，放入干辣椒节、花椒炒香，加入鲜汤、鳝段、盐、白糖、糖色，中火收汁，亮油，淋入辣椒油、香油略收汤汁，出锅，装盘即可。

原料 鳝鱼肉250克，冬笋50克，蒜薹10克

调料 葱花、姜丝、辣豆瓣酱、花椒粉、植物油、香油、醋、酱油、料酒、盐各适量

做法

1. 鳝鱼肉切成丝。蒜薹洗净，切成段。冬笋切成丝。

2. 锅入植物油烧热，放入鳝鱼丝略炒，加料酒、辣豆瓣酱、姜丝、葱花、冬笋丝，翻炒，再倒入蒜薹、盐、酱油、醋、香油，颠翻几次，撒上花椒粉，即可。

特点 此菜干香但不焦糊，酥软而不枯硬，鳝丝伸条不变形，麻咸鲜香浓。

梁溪脆鳝 水产

原料 鳝鱼肉500克

调料 葱末、姜丝、酱油、香油、色拉油、料酒、白糖、盐各适量

做法

1. 鳝鱼肉洗净，沥干水分，备用。

2. 锅入油烧热，放入姜丝、葱末煸香，加入盐、白糖、酱油、料酒熬成卤汁。

3. 锅中倒入适量色拉油，放入鳝鱼肉炸至酥脆，撒上姜丝，淋上卤汁、香油，装盘即可。

提示 鳝鱼肉要炸至酥脆，卤汁要调至稠浓。

麻辣鳝鱼丝 水产

原料 净鳝鱼肉丝250克

调料 葱段、生姜、熟芝麻、精炼油、香油、辣椒油、花椒粉、料酒、白糖、盐各适量

做法

1. 净鳝鱼肉切丝，加生姜、葱段码味，静置20分钟。

2. 锅入油烧热，放入鳝鱼丝炸至呈棕黄色，捞出沥油，加入盐、白糖、花椒粉、辣椒油、香油拌匀，凉凉，撒上熟芝麻，装盘即可。

特点 色泽棕红，质地酥香，咸鲜麻辣。

彩椒炒鳝段 水产

原料 鳝鱼400克，红椒、绿椒、彩椒各20克

调料 姜片、蒜片、料酒、白胡椒粉、花椒、麻辣鲜露、食用油、酱油、白糖、盐各适量

做法

1. 鳝鱼洗净，切段，加盐、白胡椒粉、料酒拌匀，腌渍10分钟。红椒、绿椒、彩椒分别洗净，切成片。

2. 锅入油烧热，放入鳝鱼段略炒，下入姜片、蒜片、花椒爆炒，再倒入酱油、白糖、麻辣鲜露调味，加入红椒、绿椒、彩椒片翻炒均匀，出锅装盘即可。

原料 鳝鱼段300克，韭菜、大蒜瓣各50克

调料 辣椒酱、花椒、干辣椒、高汤、老抽、酱油、白酒、红糖各适量

蒜子烧鳝段 <水产>

做法

1. 鳝鱼段洗净，入沸水锅中焯透，沥干水分。韭菜洗净，切成段，铺在碗底。

2. 锅入油烧热，放入辣椒酱、花椒、干辣椒炒香，倒入鳝鱼段、白酒、酱油、老抽、红糖炒至鳝段变色，加蒜瓣炒香，加入高汤加盖，中火焖至汤开，旺火将汤收至浓稠，淋在韭菜上即可。

茄子鳝段 <水产>

原料 鳝鱼段400克，青、红椒条各适量

调料 葱花、姜片、蒜粒、胡椒粉、鸡粉、酱油、料酒、盐各适量

做法

1. 鳝鱼段洗净，入热油锅中煸炒，捞出沥油。

2. 蒜粒炸至呈金黄色，捞出。

3. 锅中留油烧热，放入蒜粒、葱花、姜片煸炒出香味，烹入料酒、酱油，倒入清水、盐、胡椒粉、鸡粉烧开，文火慢烧至鳝鱼烧嫩，放入青红椒条，收汁，出锅即可。

泡椒鳝鱼段 <水产>

原料 鳝鱼200克

调料 葱段、姜片、蒜片、泡椒、植物油、料酒、酱油、高汤、醋、白糖、盐各适量

做法

1. 鳝鱼处理干净，切段。泡椒剁成末。

2. 锅入植物油烧热，放入鳝鱼，煸干水分，加入泡椒、姜片、蒜片炒香，加料酒、酱油、盐、白糖调味，倒入高汤，旺火烧沸，改用文火烧至鳝鱼熟软，收干汤汁，加入葱段、醋调匀，出锅即可。

陈皮鳝段 （水产）

原料 净鳝鱼段250克，柠檬1个

调料 葱末、姜末、陈皮、糖色、干辣椒、醪糟汁、鲜汤、花椒、香油、辣椒油、精炼油、料酒、白糖、盐各适量

做法

1. 鳝鱼段斩成长段，加盐、料酒、姜末、葱末码入味，静置10分钟。干辣椒切成长节。陈皮浸泡回软，切成方片。柠檬切片，铺在盘子周边备用。

2. 锅入油烧热，放入鳝段炸至呈棕黄色，捞出沥油。

3. 锅入精炼油烧热，放入干辣椒节、花椒、陈皮炒香，倒入鲜汤、鳝段、盐、白糖、糖色、醪糟汁，中火收汁，亮油，加入辣椒油、香油，出锅装盘即可。

番茄鳝鱼汤 （水产）

原料 鳝鱼肉100克，番茄30克

调料 葱段、姜片、胡椒粉、香油、料酒、盐各适量

做法

1. 鳝鱼肉洗净，切段，入沸水锅中焯水，沥干水分。番茄洗净，去蒂，用沸水焯烫，去皮，切块备用。

2. 锅入油烧至五成热，放入鳝鱼略煎，加姜片、葱段炒香，倒入料酒、清水，旺火烧开，撇去浮沫。把汤倒入砂锅，再加入适量盐调味，放入番茄，中火煮至汤呈奶白色，再撒入胡椒粉，淋入香油即可。

麻辣泥鳅 （水产）

原料 泥鳅500克

调料 葱段、生姜、辣椒粉、花椒粉、熟芝麻、净辣椒油、香油、精炼油、醋、料酒、白糖、盐各适量

做法

1. 泥鳅洗净内脏，用醋揉洗干净，加盐、料酒、生姜、葱段码入味，静置20分钟。

2. 锅入油烧热，放入泥鳅炸至酥脆，呈金黄色，捞出沥油，加入盐、醋、白糖、辣椒粉、花椒粉、辣椒油、香油拌匀，撒入熟芝麻即可。

豉椒鱿鱼 水产

原料 鱿鱼500克，豆豉20克，青尖椒、红尖椒各50克

调料 葱花、姜片、干辣椒段、豆豉、食用油、料酒、盐各适量

做法

1. 鱿鱼洗净，剞花刀，入热水中焯烫成鱿鱼花，捞出控水。青红尖椒洗净，切菱形块。

2. 锅入油烧热，放入葱花、姜片、干辣椒段、豆豉、料酒炝锅。放青尖椒、红椒块翻炒，下入鱿鱼花翻炒，放入盐调味，翻炒均匀，出锅装盘即可。

泡椒炒鱿鱼 水产

原料 鱿鱼400克，水发木耳30克

调料 葱段、姜片、蒜片、泡椒酱、食用油、料酒、白糖、盐各适量

做法

1. 鱿鱼洗净，剞花刀，入热水中焯烫成鱿鱼卷，冲凉，沥干水分。木耳洗净，撕成小朵。

2. 锅入油烧热，放入葱段、姜片、蒜片、料酒爆锅，倒入泡椒酱炒出香味，加入木耳、鱿鱼花，用盐、白糖调味，撒葱段翻炒均匀，出锅即可。

铁板炒鲜鱿 水产

原料 鱿鱼400克，洋葱200克，黑木耳100克

调料 葱段、蒜片、甜面酱、孜然粉、植物油、盐各适量

做法

1. 鱿鱼洗净，切块。洋葱取1/3切成块，余下的切圈，待用。

2. 黑木耳用温水泡发，撕成小块。铁板烧热，锡箔纸撕下所需大小，摆上洋葱圈。

3. 锅入油烧热，放入葱段、蒜片爆香，加入甜面酱炒匀，再放入洋葱、黑木耳、鱿鱼炒匀，加盐、孜然粉调味，浇在洋葱圈上，用锡箔纸包好置于预先加热好的铁板上即可。

椒麻鱿鱼 水产

原料 鲜鱿鱼头100克

调料 葱叶、花椒、冷鲜汤、酱油、盐各适量

做法

1. 鱿鱼头洗净，改刀切薄片。葱叶洗净，与花椒混合剁成椒麻糊。

2. 锅入清水烧开，放入鱿鱼片，氽水断生，捞出凉凉。

3. 盐、酱油、冷鲜汤调匀，成浅棕黄色的咸鲜汁，再加入椒麻糊、香油调成椒麻味汁，淋在鱿鱼片上即可。

腐皮干鱿 水产

原料 水发鱿鱼300克，腐皮、火腿、豌豆尖各50克

调料 葱段、姜丝、胡椒、水淀粉、高汤、鸡油、盐各适量

做法

1. 腐皮切成条，入沸水锅中煮软，捞入清水中。鱿鱼洗净，改刀成条。火腿切片。豌豆尖洗净，备用。

2. 锅入油烧热，放入葱段、姜丝爆香，倒入高汤烧开，下入鱿鱼、腐皮、火腿，加盐、胡椒烧开，用水淀粉勾芡，放入豌豆尖，淋鸡油即可。

干煸干鱿鱼 水产

原料 水发干鱿鱼400克，芹菜条20克

调料 葱花、姜末、干辣椒、熟芝麻、生抽、料酒、食用油、白糖、盐各适量

做法

1. 将水发鱿鱼洗净，切粗丝，入六成热的油锅略炸，捞出沥油。干辣椒用热油略炸，捞出，沥油。

2. 锅留油烧热，放入葱花、姜末、料酒、生抽爆锅，放入干辣椒、芹菜条炒出辣香味，放入鱿鱼丝，加盐、白糖调味，撒熟芝麻即可。

干煸鱿鱼 水产

原料 鲜鱿鱼肉400克，鸡蛋1个，芹菜条50克

调料 葱花、姜片、蒜片、干辣椒段、食用油、料酒、淀粉、白糖、盐各适量

做法

1. 鱿鱼肉洗净，切条，加料酒、盐腌渍片刻。鸡蛋、淀粉、水调成糊。鱿鱼条蘸上一层糊，入热油锅中炸至呈金黄色，出锅沥油。

2. 锅留油烧热，放入葱花、姜片、蒜片、料酒爆香。加入芹菜条、干辣椒段炒出辣香味，倒入鱿鱼条，加盐、白糖调味，翻匀即可。

椒麻鱿鱼花 （水产）

原料 鲜鱿鱼300克

调料 葱叶、花椒粒、干淀粉、鲜汤、香油、盐各适量

做法

1. 鲜鱿鱼洗净，剞荔枝花刀，入沸水锅中汆煮成鱿鱼卷，捞出。

2. 将葱叶、花椒粒清洗干净，剁成椒麻糊，加盐、香油、鲜汤调成椒麻味汁。

3. 将鱿鱼花拍上干淀粉，入油锅中炸熟，淋上椒麻味汁即可。

香炸鱿鱼圈 （水产）

原料 鲜鱿鱼400克，鸡蛋2个

调料 葱叶、椒盐、胡椒粉、淀粉、面粉食用油、料酒、盐各适量

做法

1. 鲜鱿鱼洗净，去头切成圈，加盐、料酒、胡椒粉腌一下。

2. 鸡蛋、淀粉、面粉、水调成糊。

3. 锅入油烧热，将鱿鱼圈蘸上面糊，入锅中炸至呈金黄色，捞出装盘，随椒盐、葱叶一同上桌即可。

香葱拌墨鱼 （水产）

原料 墨鱼300克，香葱50克，小米椒20克

调料 生抽、香油、盐各适量

做法

1. 墨鱼洗净，切条，入沸水锅中焯水，捞出控水。小米椒洗净，去籽，切粗丝。香葱切段。

2. 在墨鱼条加入小米椒丝、葱段，用盐、生抽调味，淋香油拌匀，装盘即可。

萝卜丝墨鱼 （水产）

原料 墨鱼300克，萝卜150克

调料 葱花、姜片、酱油、辣酱、白糖、盐各适量

做法

1. 墨鱼洗净，切成条，锅入清水烧开，下入墨鱼，焯透捞出。

2. 萝卜洗净，切丝，入油锅煸炒至软。

3. 锅入油烧热，放入葱花、姜片炒香，倒入墨鱼条炒至变色，下入萝卜丝，加酱油、辣酱、白糖、盐调味，炒匀即可。

大烤墨鱼

水产

原料 墨鱼500克

调料 葱段、姜片、腐乳、水淀粉、绍酒、熟猪油、香油、鲜汤、白糖、盐各适量

做法

1. 墨鱼洗净，入热锅中煮沸，捞出，冷水冲凉。

2. 锅入熟猪油滑锅，留余油，煸香姜片、葱段，烹绍酒，加鲜汤，入墨鱼，旺火烧2分钟，文火焖30分钟，拣去葱段、姜片，加乳腐、白糖调味，旺火收汁，水淀粉勾芡，淋香油，起锅改刀即可。

爆炒花枝片

水产

原料 大墨鱼350克，香菇、莴笋、胡萝卜各100克

调料 水淀粉、香油、花生油、白酱油、醋、盐各适量

做法

1. 墨鱼洗净，片成花枝片。香菇去蒂，切片。莴笋、胡萝卜去外皮，切片。香菇片、莴笋片、胡萝卜片焯水，调入白酱油、醋、水淀粉、香油、盐，调成卤汁。

2. 锅入花生油烧热，将墨鱼片放入油锅中，炸至熟透，捞出。锅留底油，倒入卤汁烧开，放入墨鱼片急炒，出锅即可。

墨鱼炒肉片

水产

原料 墨鱼仔300克，五花肉100克，蒜苗50克

调料 胡椒粉、生抽、食用油、料酒、盐各适量

做法

1. 墨鱼仔洗净，焯水冲凉，沥干水分。五花肉洗净，切片。蒜苗洗净，切成段。

2. 锅入油烧热，放入蒜苗段、生抽、料酒炒香，再放入墨鱼仔，加盐、胡椒粉调味，翻炒均匀即可。

宫爆墨鱼仔

水产

原料 鲜墨鱼仔400克，去皮五香花生米100克

调料 葱末、姜末、蒜末、生抽、植物油、泡椒丁、生粉、料酒、白糖、盐各适量

做法

1. 墨鱼仔洗净，锅入清水烧开，放入墨鱼仔汆透，捞出。

2. 用生抽、生粉、料酒、白糖、盐调成味汁。

3. 锅入油烧热，放入葱末、姜末、蒜末爆锅，倒入味汁，下入墨鱼仔翻炒，加花生米、泡椒丁炒匀，装盘即可。

爆炒墨鱼仔

原料 墨鱼仔300克，五花肉100克，蒜苗50克，青、红椒各50克

调料 胡椒粉、生抽、食用油、料酒、盐各适量

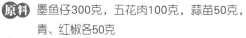
做法

1. 墨鱼仔洗净，焯水冲凉，沥干水分。五花肉洗净，切片。蒜苗洗净，切段。青、红椒洗净，去籽，切菱形块。

2. 锅入油烧热，放入蒜苗、五花肉片、青红椒块、生抽、料酒炒香，再放入墨鱼仔，加盐、胡椒粉调味，翻炒均匀，出锅即可。

泡椒墨鱼仔

原料 墨鱼仔400克，泡椒50克，青、红椒丁各适量

调料 葱段、姜片、蒜片、食用油、盐各适量

做法

1. 墨鱼仔洗净，焯水，沥干水分。青红椒洗净，切丁。

2. 锅入油烧热，入葱段、姜片、蒜片、泡椒炒香，再放入青红椒丁、墨鱼仔，加盐调味，翻炒均匀，出锅即可。

南乳墨鱼仔

原料 墨鱼仔200克

调料 葱丝、姜丝、南乳汁水、食用大红色素、料酒、盐各适量

做法

1. 墨鱼仔洗净，加料酒、葱丝、姜丝用沸水汆水，去除腥味，捞出待用。

2. 锅中加入南乳汁水、食用大红色素调成汁，放入墨鱼仔收浓汁水，起锅凉凉，装盘即可。

吉列墨鱼球

原料 墨鱼肉300克，无糖面包片150克，胡萝卜、芹菜各20克，猪肉膘50克

调料 葱姜汁、食用油、料酒、盐各适量

做法

1. 胡萝卜、芹菜切粒。面包片切丁。

2. 墨鱼、猪肉膘分别洗净，剁泥，加盐、料酒、葱姜汁调味，加入胡萝卜粒、芹菜粒搅拌上劲。将墨鱼泥挤成球形，沾上面包丁入热油中炸至墨鱼球漂起、色泽金黄，捞出即可。

辣烧大虾白菜 水产

原料 对虾500克，白菜200克

调料 葱段、姜片、辣椒段、食用油、辣椒油、料酒、盐各适量

做法

1. 对虾洗净，去虾线、虾须。白菜洗净，撕成小块。

2. 锅入油烧热，下入葱段、姜片、辣椒段炝锅，放入对虾煎出虾油，烹料酒，倒入白菜翻炒两分钟，加盐调味，汤汁收浓，淋辣椒油，出锅即可。

煎对虾 水产

原料 对虾400克

调料 番茄酱、食用油、香油、料酒、白糖、盐各适量

做法

1. 对虾洗净，去虾线、虾须，放入热油锅中略炸，捞出沥油。

2. 锅留油烧热，放入番茄酱爆香，加料酒、白糖、盐、清水，放入对虾烧5分钟，待锅中汤汁浓稠，淋香油出锅即可。

油焖对虾 水产

原料 对虾400克，枸杞10克

调料 葱段、姜片、食用油、酱油、料酒、白糖、盐各适量

做法

1. 对虾洗净，去虾线、虾须，入热油锅中略炸，捞出沥油。

2. 锅留油烧热，放入葱段、姜片、料酒、酱油爆锅，加清水烧开，放入对虾、枸杞，加盐、白糖调味，旺火盖上锅盖焖烧，中间淋少许热油，收汁，出锅即可。

糖醋大虾 水产

原料 对虾400克

调料 葱丝、姜丝、蒜丝、食用油、香油、醋、酱油、白糖、盐各适量

做法

1. 对虾洗净，去虾线、虾须，备用。

2. 锅入油烧热，将对虾放入锅中煸炒，待对虾变色，捞出待用。

3. 锅留底油，入葱丝、姜丝、蒜丝爆香，放入虾煸炒，依次放入醋、白糖、酱油、盐调味，收浓汁，淋入香油，翻炒均匀，出锅即可。

崂山茶香虾 水产

原料 对虾300克，绿茶10克

调料 椒盐、食用油、料酒、白糖各适量

做法

1. 取绿茶少许，用沸水泡好，挤干水分备用。虾洗净，剪去虾枪、虾须，挑去虾线，加料酒腌渍五分钟。

2. 锅入油烧热，放入对虾，中火炸至酥脆，捞出沥油。

3. 锅留底油，倒入茶叶文火炸香，放入炸好的虾一起翻炒，加椒盐、白糖调味，装盘即可。

金沙基围虾 水产

原料 基围虾400克

调料 葱末、姜末、炸蒜末、干辣椒、豆豉、胡椒粉、植物油、白糖、盐各适量

做法

1. 基围虾洗净，剪去虾枪、虾须，挑去虾线，加胡椒粉、植物油、白糖、盐腌渍入味，入油锅炸至皮脆，捞出。

2. 另起锅，入油烧热，放入葱末、姜末爆香，加豆豉、干辣椒、炸蒜末调味，最后放入炸好的虾炒匀，出锅即可。

燕尾桃花虾 水产

原料 带尾去皮虾250克，鸡蛋清1个

调料 葱末、姜丝、绍酒、水淀粉、辣椒油、食用油、辣椒酱、盐各适量

做法

1. 将虾顺背开三刀，去虾线，用鸡蛋清、水淀粉上浆。

2. 锅入油烧热，下入虾滑透，捞出沥油。

3. 锅留底油，放入辣椒酱、葱末、姜丝煸炒出香味，再放入虾，烹绍酒，加盐、水淀粉，淋辣椒油，出锅即可。

粟香脆皮虾 水产

原料 鲜虾300克，玉米粒40克

调料 番茄酱、食用油、淀粉、料酒、白糖、盐各适量

做法

1. 鲜虾洗净，去虾须、虾线，拍淀粉，放热油锅中炸至呈金黄色，捞出沥油。玉米粒入热油中略炸，捞出沥油。

2. 锅入油烧热，放入番茄酱爆锅，加入料酒、白糖、盐调味，放入炸好的虾、玉米粒翻炒均匀，出锅即可。

香辣大虾

原料 大虾300克

调料 葱段、郫县豆瓣、胡椒面、干淀粉、清汤、食用油、酱油、料酒、盐各适量

做法

1. 大虾洗净,去虾须、虾线,在每个虾的背上都划一刀,装入碗中,加料酒、盐、胡椒面码味,裹上干淀粉。

2. 锅入油烧热,放入虾片炸至呈蛋黄色,捞出。锅留余油,放入葱段炒软,倒入碗内。

3. 锅入油烧热,下郫县豆瓣炒至呈红色,加汤稍煮,撇去豆瓣渣,放入虾、葱段,加酱油烧透入味,将汁收干亮油,起锅凉凉,浇上炒虾的油汁即可。

巴蜀香辣虾

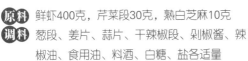

原料 鲜虾400克,芹菜段30克,熟白芝麻10克

调料 葱段、姜片、蒜片、干辣椒段、剁椒酱、辣椒油、食用油、料酒、白糖、盐各适量

做法

1. 鲜虾洗净,去虾须、虾线,入热油锅中略炸,捞出沥油。

2. 锅留油烧热,放入葱段、姜片、蒜片、剁椒酱、料酒、干辣椒段爆香,再放入芹菜段、炸好的虾,加盐、白糖调味,淋入辣椒油,撒上熟白芝麻炒匀,出锅装盘即可。

干锅香辣虾

原料 南极虾350克,芹菜、胡萝卜、莴笋各100克

调料 葱花、姜片、蒜片、香叶、香辣酱、豆瓣酱、食用油、豆豉、辣椒油、白糖、盐各适量

做法

1. 南极虾洗净,去虾须、虾线。

2. 莴笋、胡萝卜、芹菜分别洗净,切成段。香辣酱、豆瓣酱、豆豉分别剁碎。

3. 锅入油烧热,下入虾爆至外表发白,捞出。

4. 锅留余油,放入葱花、姜片、蒜片、香辣酱、豆瓣酱、豆豉、香叶煸出红油,调入辣椒油、白糖、盐,放入胡萝卜段、莴笋段、芹菜段、虾翻炒均匀即可。

原料 大虾300克，土豆、香芹、油炸花生米各100克

调料 葱段、姜片、蒜片、红椒、干辣椒段、熟芝麻、生抽、食用油、香油、辣椒油、料酒、白糖、盐各适量

做法

1. 土豆洗净，去皮，切成条。红椒切成条。香芹切成段。鲜虾洗净，去虾须、虾线，加料酒、盐腌渍片刻。

2. 锅入油烧热，放入虾炸至呈金黄色，捞出沥油。土豆条放入油锅炸熟，捞出沥油，待用。

3. 锅留油烧热，放入蒜片、干辣椒段、姜片炒香，下香芹段、红椒条、虾、土豆条、生抽、白糖、盐、葱段，再放入油炸花生米、熟芝麻炒匀，淋入香油、辣椒油即可。

盆盆香辣虾 水产

蒜葱爆麻虾 水产

萝卜干烧河虾 水产

原料 鲜虾300克

调料 葱段、蒜片、麻辣鲜露、食用油、料酒、盐各适量

做法

1. 鲜虾洗净，去虾须、虾线，虾背划一刀，入热油中略炸，捞出沥油。

2. 锅留油烧热，放蒜片、料酒炒香，放入炸好的虾，加麻辣鲜露、盐调味，放入葱段，旺火翻炒出葱香味，出锅即可。

提示 一定要做好后趁热吃，虾皮酥酥脆脆的，直接吃掉可以补钙哦。

原料 河虾150克，萝卜干100克

调料 葱末、姜末、红椒、鱼露、高汤、生抽、料酒、白糖、食用油、盐各适量

做法

1. 河虾洗净，剪去虾枪、虾须。红椒洗净，切碎。

2. 锅入油烧热，加入河虾滑炒，盛出。

3. 锅留底油烧至五成热，放入葱末、姜末、红椒煸香，下入虾、萝卜干翻炒，调入盐、白糖，烹料酒、生抽、鱼露、高汤，炖煮5分钟，出锅即可。

泡菜炒河虾

原料 河虾300克，四川泡菜100克，青、红椒粒各适量

调料 葱末、姜末、胡椒粉、植物油、酱油、料酒、白糖、盐各适量

做法

1. 河虾剪须足，去泥肠，加入葱末、姜末、料酒腌10分钟。四川泡菜切成小粒。青红椒洗净，切成小粒。

2. 锅入油烧热，将河虾炸至变红、壳酥，捞出。

3. 锅入油烧热，放入葱末、姜末爆香，下泡菜、青红椒粒、炸好的河虾，烹入料酒、胡椒粉、酱油、盐、白糖炒匀，出锅装盘即可。

虾头烧豆腐

原料 新鲜虾头200克，豆腐200克

调料 葱花、姜片、韭菜末、胡椒粉、食用油、香油、料酒、盐各适量

做法

1. 虾头洗净，去虾须。豆腐切条，焯水控干。

2. 锅入油烧热，放入葱花、姜片、料酒爆香，倒入虾头煎炒出虾油，倒入水、豆腐炖5分钟，用盐、胡椒粉调味，撒韭菜末，淋香油即可。

提示 虾本身非常鲜美，不需要加鸡精等调料了。

脆香大虾衣

原料 鲜虾壳200克，玉米片200克，青红椒丁各20克

调料 椒盐、干淀粉、食用油、料酒、盐各适量

做法

1. 鲜虾壳洗净，加盐、料酒拌匀，拍匀干淀粉。

2. 锅入油烧热，放入鲜虾壳炸至酥脆，捞出沥油。玉米片入热油锅中炸至酥脆，呈金黄色，捞出沥油。

3. 锅留油烧热，放入青椒丁、红椒丁爆锅，倒入炸好的虾壳、玉米片，撒椒盐翻匀出锅即可。

特点 鲜香微辣，酥脆可口。

辣炒螃蟹 水产

原料 螃蟹350克

调料 葱花、蒜片、姜片、干辣椒节、海鲜酱、鲜汤、水淀粉、干细淀粉、香油、花椒油、辣椒油、精炼油、胡椒粉、料酒、盐各适量

做法

1. 活肉蟹洗净，斩成块，加入盐、料酒拌匀。锅入精炼油烧热，将蟹块斩口处粘裹上干细淀粉，入热油炸熟。

2. 锅入油烧热，放入干辣椒节炒香，倒入鲜汤略烧，再下葱花、姜片、蒜片、螃蟹，最后放入盐、料酒、海鲜酱烧2分钟，用水淀粉勾薄芡，淋入香油、花椒油、辣椒油，撒上胡椒粉翻匀即可。

蛋包醋蟹 水产

咖喱焗肉蟹 水产

原料 海蟹300克，鸡蛋2个

调料 葱花、胡椒粉、淀粉、醋、料酒、食用油盐各适量

做法

1. 蟹子洗净，斩块，拍淀粉，入热油中炸熟，捞出沥油。

2. 鸡蛋放煎锅中煎成荷包蛋，取出放入盘中。

3. 锅留油烧热，放入葱花、料酒、醋爆香。放入炸好的蟹块，放入盐、胡椒粉调味，翻炒均匀，出锅倒入盘中，荷包蛋放在蟹块上即可。

提示 当螃蟹垂死或已死时，蟹体内的组氨酸会分解产生有毒物质组胺。因此，千万不要吃死蟹。

原料 螃蟹400克，青杭椒、红杭椒各30克

调料 葱花、姜末、蒜末、鲜汤、油咖喱、三花淡奶、食用油、料酒各适量

做法

1. 螃蟹洗净，斩块，入热油锅中炸3分钟，捞出沥油。青杭椒、红杭椒洗净，切斜片。

2. 锅留油烧热，放入葱花、姜末、蒜末炒香。烹入料酒，放入油咖喱，再倒入炸过的螃蟹肉调味，倒入鲜汤中火焗5分钟，加入三花淡奶烧软即可。

红油黑椒蟹 水产

原料 膏蟹300克，土豆150克

调料 葱段、姜片、泡椒末、红油、淀粉、黑胡椒、植物油、料酒、白糖、盐各适量

做法

1. 膏蟹切块，入沸水锅中轻烫，捞出沥干水分，拍上淀粉，再入热油锅中炸熟，捞出。土豆洗净，切片，用热水烫软待用。

2. 锅入红油烧热，下入泡椒末、葱段、姜片煸香。下入炸好的膏蟹、土豆、黑胡椒，加入料酒、白糖、盐翻炒，转文火略烧片刻，勾芡出锅即可。

妙炒花蟹 水产

原料 活花蟹350克，尖椒50克

调料 葱花、蒜末、辣豆瓣酱、淀粉、香油、植物油、醋、酱油、料酒、白糖、盐各适量

做法

1. 花蟹处理干净，切成块，裹上少许淀粉，放入油锅炸至呈金黄色，捞出。尖椒洗净，切成圈。

2. 锅留底油烧热，放入葱花、蒜末、辣豆瓣酱炒香，下入炸好的花蟹，烹入料酒，加入尖椒圈，调入酱油、盐、白糖、醋稍炒，倒入适量水稍煮片刻，加入葱花炒匀，淋入香油即可。

香辣蟹 水产

原料 螃蟹500克

调料 葱花、姜片、蒜片、水淀粉、干灯笼椒、花椒、豆瓣、高汤、色拉油、料酒、香菜末各适量

做法

1. 螃蟹洗净，斩成块。

2. 锅入油烧热，放入肉蟹块炸酥，捞出待用。

3. 炒锅留少许余油，放入豆瓣、葱花、姜片、蒜片、干灯笼椒、花椒炒香至呈红色，倒入高汤，下肉蟹，烹料酒，烧至入味，水淀粉勾芡，收汁，撒香菜末起锅即可。

原料 梭蟹300克，紫茄100克

调料 葱花、姜末、蒜末、干辣椒段、食用油、酱油、料酒、白糖、盐各适量

做法

1. 梭蟹洗净，斩块。锅入油烧热，放入梭蟹炸至呈金黄色，捞出沥油。

2. 锅留油烧热，紫茄洗净，切条，入油锅中略炸，捞出沥油。

3. 锅留油烧热，下葱花、姜末、蒜末、料酒、酱油、干辣椒段爆香，倒入清水烧开，放入炸好的梭蟹、茄条，用盐、白糖调味，旺火收汁，出锅装盘即可。

紫茄炖梭蟹 水产

番茄炖蟹 水产

原料 梭蟹300克，番茄150克，水发粉丝40克

调料 葱片、姜片、香菜段、胡椒粉、食用油、料酒、盐各适量

做法

1. 梭蟹洗净，斩块。

2. 番茄洗净，入沸水锅中氽烫，撕去皮，切成小块。水发粉丝切段。

3. 锅入油烧热，放入葱片、姜片、料酒炝锅，下入番茄煸炒至软烂，加水，放入蟹块、粉丝，用盐、胡椒粉调味，炖至蟹肉熟透，撒上香菜段出锅即可。

靓蟹腊八粥 水产

原料 肉蟹150克，黑米、香米、小米、玉米各50克，红枣、核桃仁、葡萄干、红豆20克

调料 香菜段、盐各适量

做法

1. 肉蟹洗净，斩块。红豆、玉米提前泡3～4小时。黑米、香米、小米洗净。

2. 将黑米、香米、小米、玉米、红枣、核桃仁、葡萄干、红豆混合在一起，放入净锅内，加适量清水，旺火烧开，改文火熬成粥，放入蟹块煮熟，加盐调味，出锅装盘即可。

冰镇活海参

原料 活海参400克

调料 食用冰块、辣根、生抽、醋、料酒各适量

做法

1. 活海参去内脏，洗净。高压锅入清水，放入海参，加料酒开锅压制4分钟，取出冲凉。

2. 辣根、醋、生抽调成蘸汁。

3. 食用冰块拍碎后放入盛器内，压好的海参放在冰碎上，随蘸汁一起食用即可。

凉拌活海参

原料 活海参400克，青杭椒丁、红杭椒丁各50克，香菜粒、食用冰块、辣鲜露、辣根、香油、

调料 胡椒粉、生抽、醋、白糖各适量

做法

1. 活海参去内脏洗净，切丁，加醋、白糖搓洗，冲去黏液。用热水浸泡片刻，捞出，用食用冰块浸过。

2. 海参丁、青杭椒丁、红杭椒丁、香菜粒、辣鲜露、辣根、生抽、胡椒粉、白糖拌匀，淋入香油即可。

肉末活海参

原料 活海参300克，五花肉50克，冬笋丁20克

调料 葱末、姜末、香菜段、水淀粉、食用油、酱油、料酒、白糖、盐各适量

做法

1. 活海参去内脏洗净，切块，焯水，捞出沥干。五花肉切小丁。

2. 锅入油烧热，放入葱末、姜末炒香，下入五花肉丁煸炒至水分快干时，加酱油、料酒、冬笋丁继续煸炒，放入海参块，用盐、白糖调味，加水淀粉勾芡，撒上香菜段即可。

海参当归汤

原料 水发海参200克，当归10克，山药30克，红枣6个

调料 姜丝、枸杞、胡椒粉、高汤、食用油、料酒、盐各适量

做法

1. 水发海参洗净，用热水烫一下。山药切菱形片。红枣热水浸泡。当归热水泡洗。

2. 锅入油烧热，放入姜丝、料酒爆香，倒入高汤、红枣、山药、当归、枸杞炖5分钟，加盐、胡椒粉调味，待山药熟透，放入海参烧开即可。

红烧肉海参 （水产）

原料 带皮五花肉100克，海参200克

调料 葱花、姜片、冰糖、八角、生抽、料酒、食用油、盐各适量

做法

1. 海参洗净，用沸水烫一下，捞出，沥干水分。带皮五花肉洗净，切块，焯水，捞出，沥干水分。

2. 锅入油烧热，放入葱花、姜片、八角、料酒爆香，放入带皮五花肉翻炒，加冰糖、生抽、盐调味，烧至汤汁浓稠，捞出五花肉，放入海参略烧，出锅摆盘即可。

鲍汁活海参 （水产）

原料 活海参300克

调料 鲍汁、水淀粉、清汤、食用油各适量

做法

1. 活海参洗净，入热水中浸烫5分钟，捞出，沥干水分，放入盘中，备用。

2. 锅入油烧热，放入鲍汁、清汤调味，加水淀粉勾芡，浇在海参上即可。

大蹄扒海参 （水产）

原料 水发海参300克，猪蹄200克

调料 葱花、姜块、糖色、鸡汤、食用油、酱油、料酒、盐各适量

做法

1. 海参洗净，入沸水锅中汆烫，捞出沥水。猪蹄洗净，去毛，斩块，入沸水锅中焯水，捞出，入热油炸至呈金黄色，捞出沥油。

2. 锅入油烧热，放入葱花、姜块炒香，烹入料酒、酱油，加入鸡汤、盐、糖色，再放入猪蹄烧开，放入海参，收汁，出锅即可。

雪莲子海参 （水产）

原料 水发海参300克，雪莲子120克，虫草花30克

调料 鸡汤、料酒、盐各适量

做法

1. 海参洗净，入沸水锅中汆烫片刻，捞出控水。雪莲子温水泡发回软。虫草花温水泡发。

2. 锅入鸡汤，加入雪莲子、虫草花烧开，文火炖30分钟，加盐调味，烹入料酒，放入海参烧开，出锅即可。

淮山羊肉海参汤 〔水产〕

原料 水发海参200克，羊肉150克，山药50克

调料 葱段、料酒、鸡汤、食用油、盐各适量

做法

1. 海参洗净，入沸水锅中氽烫片刻，捞出，沥干水分。

2. 羊肉洗净，切厚片，入沸水锅中焯水，捞出冲凉。

3. 山药洗净，去皮，切片。

4. 锅入油烧热，放入葱段、料酒爆香，倒入鸡汤、羊肉、山药片炖至羊肉熟烂，加盐调味，放入海参烧开即可。

滋补海参羹 〔水产〕

原料 活海参200克，虾仁30克，紫菜15克，蛤蜊30克

调料 枸杞、胡椒粉、水淀粉、鸡汤、盐各适量

做法

1. 活海参去内脏洗净，用热水浸5分钟，捞出控水。虾仁洗净，去掉虾线，入沸水锅中焯水，捞出备用。

2. 锅中加鸡汤，放入枸杞、虾仁、紫菜、蛤蜊烧开，加盐、胡椒粉调味，用水淀粉勾芡成羹，放入海参出锅即可。

麻辣爆蛤蜊 〔水产〕

原料 鲜活蛤蜊400克，杭椒丁50克

调料 姜片、蒜片、花椒、干辣椒、糊辣油、白糖、盐各适量

做法

1. 蛤蜊清洗干净备用。

2. 锅入糊辣油烧热，放入姜片、蒜片爆锅，放入花椒、干辣椒、杭椒丁煸香，下入活蛤蜊，旺火爆炒至蛤蜊开口，用盐、白糖调味，起锅装盘即可。

蛤蜊烧鸡块 〔水产〕

原料 蛤蜊150克，鸡腿200克

调料 葱末、姜片、蒜片、干辣椒段、食用油、酱油、料酒、白糖、盐各适量

做法

1. 蛤蜊洗净泥沙。鸡腿剁块，焯水，捞出，洗净，沥干水分。

2. 锅入油烧热，放入葱末、姜片、蒜片、料酒、酱油、干辣椒段爆锅，下入鸡块翻炒，用水、盐、白糖调味，烧至鸡块熟透，放入蛤蜊，盖上锅盖烧3分钟，收汁，出锅即可。

辣炒蛤蜊 水产

原料 蛤蜊400克

调料 葱末、姜末、蒜末、香菜段、干辣椒段、食用油、酱油、料酒、白糖、盐各适量

做法

1. 蛤蜊洗净泥沙。

2. 锅入油烧热，放葱末、姜末、蒜末、干辣椒段爆香，放入蛤蜊，加盐、料酒、酱油、白糖调味，盖上锅盖，旺火烧至蛤蜊开口，收汁，撒香菜段出锅即可。

蛤蜊炖丝瓜 水产

原料 蛤蜊200克，丝瓜200克，红椒条20克

调料 葱段、姜片、胡椒粉、食用油、鸡汤、盐各适量

做法

1. 蛤蜊洗净，控水。

2. 丝瓜洗净，去皮切段。

3. 锅入油烧热，放入葱段、姜片爆香，倒入鸡汤，下入蛤蜊、丝瓜、红椒条炖至蛤蜊开口，加盐、胡椒粉调味，出锅即可。

文蛤蜊炖肥肠 水产

原料 文蛤蜊300克，熟肥肠100克

调料 葱花、姜片、香菜段、胡椒粉、鸡汤、食用油、料酒、盐各适量

做法

1. 文蛤蜊洗净泥沙。熟肥肠切块。

2. 锅入油烧热，放入葱花、姜片、料酒爆锅，倒入鸡汤，放入文蛤蜊、肥肠块炖至文蛤蜊开口，用盐、胡椒粉调味，撒香菜段出锅即可。

葱拌海螺 水产

原料 海螺300克

调料 葱丝、香油、醋、盐各适量

做法

1. 海螺洗净，入清水锅中煮熟，挑出螺肉凉凉，切成块。

2. 将海螺肉块加葱丝、盐、醋拌匀，淋入香油，装入盘中即可。

提示 海螺水煮时间不宜过长，以保证其肉质脆嫩。

鱼香螺片 〔水产〕

原料 田螺肉150克,西芹段50克

调料 葱段、葱花、姜片、蒜泥、嫩肉晶、泡辣椒、净辣椒油、香油、醋、酱油、白糖、料酒、盐各适量

做法

1. 田螺肉洗净,切成薄片,放嫩肉晶腌渍15分钟。泡辣椒剁成蓉。

2. 锅入清水、料酒、葱段、姜片烧开,下入田螺肉片,氽水至断生,捞出。

3. 酱油、醋、白糖、盐、泡椒蓉、姜片、蒜泥、净辣椒油、香油、葱花调匀,成鱼香味汁。

4. 西芹段装入盘中,再摆放田螺肉片,浇上鱼香味汁即可。

红烧大海螺 〔水产〕

原料 鲜海螺肉250克,五花肉片50克,鲜香菇块40克

调料 葱末、姜末、蒜末、绍酒、植物油、香油、水淀粉、醋、酱油、白糖、盐各适量

做法

1. 海螺肉洗净,剞十字花刀,用盐、醋搓净黏液,清水漂洗,切成块,放入沸水锅中氽水,捞出,沥干水分。

2. 锅入油烧热,放入葱末、姜末、蒜末爆锅,加入五花肉、绍酒,放入鲜香菇块煸炒,加酱油、白糖、盐、海螺肉,转微火上烧2分钟,用水淀粉勾芡,淋上香油,盛入盘内即可。

蚝油扇贝 〔水产〕

原料 活扇贝10只

调料 姜末、香菜末、花生油、蚝油、料酒、盐各适量

做法

1. 活扇贝泡入清水中,去除泥沙,洗净,放入沸水锅中氽熟,捞出,去一侧盖壳,肉放壳内,排放盘中。

2. 锅入油烧热,放入蚝油、姜末、盐、料酒调味,加入适量清水烧开,成蚝油汁,浇在扇贝肉上,撒香菜末即可。

特点 肉质鲜嫩,鲜香入味。

原料 鲜扇贝500克，鲜香菇50克，丝瓜150克

调料 泡仔姜、蒜末、泡椒段、野山椒、泡椒酱、泡椒油、高汤、料酒、水淀粉各适量

泡椒扇贝 水产

做法

1. 扇贝取肉，清洗干净，入沸水锅中氽水。丝瓜洗净，切成滚刀块，氽水至熟，垫于盘底。鲜香菇切成斜刀片。

2. 锅入泡椒油炒香，入泡仔姜、蒜末、泡椒段、泡椒酱略炒，烹料酒，下高汤熬至出味，打去浮沫，滤渣，制成泡椒汤汁。

3. 将处理好的扇贝放入泡椒汤汁中，再放入泡椒段、香菇片烧入味，用水淀粉勾薄芡，出锅倒在丝瓜块上即可。

鱼香鲜贝 水产

金瑶鲜贝球 水产

原料 鲜贝300克，青豆20克，青椒丁、红椒丁各20克，鸡蛋1个

调料 葱末、姜末、蒜末、川味豆瓣酱、淀粉、辣椒油、食用油、醋、料酒、白糖、盐各适量

做法

1. 鸡蛋打散，加淀粉调成糊。

2. 鲜贝洗净，沥干水分，蘸糊，放入热油锅中炸至呈金黄色，捞出沥油。

3. 锅入油烧热，放入葱末、姜末、蒜末爆香，烹入醋、料酒、川味豆瓣酱炒香，用白糖、盐调味，放入炸好的鲜贝、青椒丁、红椒丁、青豆翻炒，收汁，淋上辣椒油，出锅即可。

原料 鲜贝400克，瑶柱丝20克，芹菜粒20克，胡萝卜粒20克

调料 葱姜水、胡椒粉、淀粉、蛋清、食用油、料酒、盐各适量

做法

1. 鲜贝洗净，剁泥，加盐、葱姜水、料酒、胡椒粉调味，加少许淀粉、蛋清搅拌上劲，放入芹菜粒、胡萝卜粒拌匀，用手握成球形，滚蘸上瑶柱丝。

2. 锅中加油烧至五成热，放入鲜贝球炸至熟透，待色泽呈金黄色时捞出装盘即可。

麻婆海蛎子 水产

原料 海蛎子肉200克，嫩豆腐250克

调料 姜末、蒜末、刀口辣椒面、高汤、豆瓣酱、花椒面、水淀粉、豆瓣油、香油、酱油、白糖、盐各适量

做法

1. 海蛎子肉清洗干净。嫩豆腐切成块，入沸水锅中汆水，捞出备用。

2. 锅入豆瓣油烧热，放入姜末、蒜末，倒入豆瓣酱、刀口辣椒面炒出香味，加高汤旺火烧开，放白糖、酱油调味，下入豆腐，改文火烧至入味，下入海蛎子肉略烧，用水淀粉勾芡，淋香油出锅，撒上花椒面即可。

锅仔美人蛏 水产

原料 美人蛏300克，甘蔗、青椒块、红椒块各50克

调料 姜片、炸蒜子、胡椒粉、清汤、花雕酒、自制辣酒酱、辣椒油、色拉油、白糖、盐各适量

做法

1. 美人蛏洗净，入80℃的热水中加花雕酒旺火汆1分钟。甘蔗去皮，切成条，入沸水中旺火汆1分钟，捞出控水，放入锅仔内垫底。

2. 锅入油烧热，放入炸蒜子、青椒块、红椒块、姜片煸香，倒入辣酒酱，文火翻匀，加清汤文火烧开，用盐、白糖、胡椒粉调味，入美人蛏旺火煮开，出锅装入锅仔内，淋辣椒油即可。

赤肉煲干鲍鱼 水产

原料 水发干鲍鱼300克，瘦猪肉100克，桂圆肉10克

调料 葱花、姜片、枸杞、胡椒粉、鸡汤、料酒、盐各适量

做法

1. 水发干鲍鱼洗净，剞十字花刀，入沸水锅中焯水，捞出，沥干水分。瘦猪肉洗净，切块，入沸水锅中焯水，捞出，沥干水分。

2. 锅中放入鸡汤，加入葱花、姜片、料酒、桂圆肉、枸杞、瘦肉块、干鲍鱼烧开，转文火煲90分钟，再放入盐、胡椒粉调味，出锅即可。

原料 海肠300克，金针菜150克

调料 蒜末、香菜段、红椒丝、花椒油、辣椒油、盐各适量

做法

1. 海肠洗净，切段，入热水中焯烫，捞出。金针菜去根，洗净，入沸水中焯烫，捞出冲凉，沥干备用。

2. 将金针菜、海肠段放入碗中，加入蒜末、香菜段、红椒丝、盐、花椒油、辣椒油拌匀，装盘即可。

提示 焯海肠，水不用等到沸腾，焯的时间不宜过长，否则口感太老，风味尽失。

金针拌海肠
水产

煎豆腐炒海肠
水产

原料 海肠200克，豆腐150克

调料 香葱段、干辣椒段、胡椒粉、食用油、盐各适量

做法

1. 海肠洗净，切成寸段，入清水锅中烫1分钟，捞出，沥干水分，待用。

2. 豆腐切片，入煎锅中煎至两面呈金黄色，捞出，改刀成宽条。

3. 锅留油烧热，放干辣椒段、香葱段爆香，放入豆腐条、海肠段炒匀，加盐、胡椒粉调味，出锅即可。

金针炒海肠
水产

原料 海肠300克，金针菇200克

调料 葱花、姜片、蒜片、香菜段、干辣椒、高汤、花椒、红油、食用油、酱油、醋、料酒、盐各适量

做法

1. 海肠洗净，切成段，入清水锅中焯烫，捞出。金针菇洗净，沥干。

2. 锅入油烧热，放入干辣椒、葱花、姜片、蒜片炒香，捞出葱花、姜片、蒜片不用，加高汤、红油煮沸，下入金针菇、海肠段，加花椒、料酒、酱油、醋、盐调味，撒香菜段，炒匀即可。

嫩韭炒海肠　(水产)

原料 海肠400克，韭菜100克

调料 葱丝、姜丝、食用油、辣鲜露、水淀粉、香油、醋、盐各适量

做法

1. 海肠洗净，切成寸段，放入清水锅汆透，捞出。韭菜洗净，切段。

2. 锅入油烧热，放入葱丝、姜丝爆香，烹入醋、辣鲜露，加韭菜、海肠翻炒，调入盐，用水淀粉勾芡，淋香油炒匀，出锅即可。

老厨白菜蜇头　(水产)

原料 水发蜇头200克，白菜200克，五花肉片40克

调料 葱花、姜片、蒜片、香菜末、胡椒粉、辣鲜露、食用油、醋、盐各适量

做法

1. 蜇头洗净，入沸水锅中烫一下，捞出控水。白菜洗净，撕块。

2. 锅入油烧热，放入葱花、姜片、蒜片炝锅，放五花肉片煸炒，烹醋、辣鲜露炒出香味，放入白菜，加盐、胡椒粉调味，翻炒至白菜炒熟，放入海蜇头，撒香菜末炒匀即可。

蒜泥海蜇白萝卜丝　(水产)

原料 海蜇丝300克，白萝卜150克

调料 葱末、蒜泥、辣鲜露、香油、白糖、盐各适量

做法

1. 海蜇丝洗净，用沸水烫一下，捞出，冲凉控水。白萝卜洗净，去皮，切丝，加盐、白糖，腌渍出水分，冲水，沥干水分。

2. 将白萝卜丝摆盘中，放入海蜇丝、蒜泥。将盐、辣鲜露、白糖、香油调成味汁，浇在海蜇丝上，撒葱末即可。

凉拌海蜇皮　(水产)

原料 海蜇皮250克，黄瓜100克

调料 姜、香油、醋、酱油、盐各适量

做法

1. 海蜇皮洗净，切成细丝，放入凉水中浸泡。

2. 黄瓜洗净，切成长丝。姜刮净皮，切成末，调入醋、酱油、香油、盐拌匀，成姜汁。

3. 将海蜇丝捞出，沥干水分，放入盘中，淋上姜汁，撒上黄瓜丝即可。

芹菜拌海蜇皮

原料 海蜇丝400克，芹菜150克

调料 姜丝、香油、盐各适量

做法

1. 海蜇丝洗净，入清水锅中焯烫片刻，捞出冲凉，沥干水分。芹菜洗净，切成条，入清水锅中焯水，捞出冲凉，控水。

2. 将海蜇丝、芹菜条放入盛器内，加姜丝、盐调味，淋入香油，拌匀即可。

什锦拌蜇丝

原料 海蜇丝150克，红心萝卜丝、胡萝卜丝、木耳丝、鲜橙皮丝、西芹丝各50克

调料 辣鲜露、香油、盐各适量

做法

1. 海蜇丝洗净，入清水锅中焯烫，捞出控水。木耳丝、鲜橙皮丝用沸水略烫，捞出冲凉，控水。

2. 将红心萝卜丝、胡萝卜丝、木耳丝、鲜橙皮丝、西芹丝摆入盘中，盐、辣鲜露、香油调成味汁，淋在海蜇丝上即可。

菠菜拌海蜇

原料 海蜇丝300克，菠菜200克

调料 干辣椒丝、熟白芝麻、盐各适量

做法

1. 海蜇丝洗净，入沸水锅中焯烫，捞出冲凉，沥干水分。

2. 菠菜洗净，切长段，焯水，捞出冲凉，沥干水分。

3. 将海蜇丝、菠菜段放入盛器中，加盐调味，干辣椒丝用热油炸香，倒入海蜇中，撒上熟白芝麻拌匀即可。

银芽炒蜇皮

原料 海蜇200克，绿豆芽200克

调料 葱丝、姜丝、香菜段、胡椒粉、香油、食用油、盐各适量

做法

1. 海蜇洗净，切丝，入沸水锅中焯烫片刻，捞出，沥干水分。

2. 锅入油烧热，放入葱丝、姜丝爆锅，再放入绿豆芽翻炒，用盐、胡椒粉调味，待豆芽断生，放入海蜇丝，淋香油，撒香菜段，旺火翻炒，出锅即可。

蒜泥海带

水产

原料 海带400克

调料 蒜泥、香油、醋、生抽、盐各适量

做法

1. 海带洗净，放入锅中加水煮熟，捞出，用凉水冲凉，切成丝，沥干水分。

2. 将海带丝放入盛器中，加蒜泥、盐、醋、生抽调味，淋香油，拌匀即可。

凉拌海带卷

水产

原料 海带500克，红尖椒碎20克，面粉20克，蛋清1个

调料 蒜泥、豆瓣辣酱、香油、醋、酱油、白糖、盐各适量

做法

1. 海带洗净。蛋清、面粉、盐调成糊状，均匀地抹在海带上，卷起用线捆紧。

2. 将捆好的海带放入蒸笼蒸熟，取出，凉凉，切片，装入盘中。

3. 将酱油、白糖、醋、豆瓣辣酱、蒜泥、香油拌匀，浇在海带卷上，撒上红尖椒碎即可。

海带炖肉

水产

原料 带皮五花肉500克，水发海带250克

调料 葱段、姜片、花椒、鲜汤、八角、植物油、酱油、白糖、盐各适量

做法

1. 五花肉洗净，切成块。海带洗净，切成与肉块大小相同的片。

2. 锅入油烧热，放入肉块煸炒至变色，下葱段、姜片、花椒、鲜汤、八角、酱油、白糖、盐烧沸，打去浮沫，炖至八成熟，放入海带炖20分钟，拣去葱段、姜片、花椒、八角，出锅即可。

麻辣海带丝

水产

原料 海带100克

调料 花椒粉、香油、辣椒油、酱油、白糖、盐各适量

做法

1. 锅入清水烧沸，放入海带煮熟，捞出凉凉，改刀切成6厘米长的丝。

2. 酱油、盐、白糖调成咸鲜微甜味，再加入辣椒油、花椒粉调匀，成麻辣味汁。

3. 将调好的麻辣味汁浇在海带丝上拌匀，淋上香油，装盘即可。

香辣牛蛙

原料 牛蛙2只

调料 葱花、姜片、蒜片、花椒、干辣椒、油辣椒、豆瓣酱、食用油、生粉、盐各适量

做法

1. 牛蛙洗净，切块，加盐、生粉腌渍半个小时，入热油锅中滑熟，捞出沥油。

2. 锅入油烧热，放入葱花、姜片、蒜片、花椒、干辣椒炒香，下入豆瓣酱、油辣椒煸炒，倒入牛蛙，加水烧开，旺火收汁即可。

凉粉炒牛蛙

原料 牛蛙200克，豌豆凉粉200克

调料 葱末、姜末、蒜末、泡椒酱、食用油、辣椒油、白糖、盐各适量

做法

1. 牛蛙洗净，斩块，焯水，捞出控水。凉粉切块。

2. 锅入油烧热，放入葱末、姜末、蒜末、泡椒酱爆香，放入牛蛙块、水，加盐、白糖调味，烧制4分钟，再放入凉粉块烧至凉粉块边缘变透明，淋辣椒油，撒葱末，出锅即可。

锅巴牛蛙

原料 牛蛙300克，锅巴片100克，干辣椒段10克

调料 葱末、姜末、蒜末、辣椒末、淀粉、黄酒、辣椒油、植物油、白糖、盐各适量

做法

1. 牛蛙洗净，去皮，斩块，用淀粉上浆，入热油中滑熟，捞出沥油。锅巴片入热油中炸至呈金黄色，捞出放入盘中。

2. 油锅烧热，放干辣椒段、葱末、姜末、蒜末、辣椒末、黄酒爆香，放入牛蛙块，加盐、白糖、水，烧至汤浓，淋辣椒油即可。

麻花香茅牛蛙

原料 牛蛙300克，炸麻花50克，香茅40克，红椒圈40克

调料 葱末、蒜末、辣椒蓉、淀粉、鱼露、食用油、白糖、盐各适量

做法

1. 牛蛙洗净，去皮，斩块，加淀粉上浆，入热油中滑熟，捞出沥油。香茅剁蓉。

2. 锅入油烧热，放入葱末、蒜末、香茅蓉、辣椒蓉、鱼露爆香，放入牛蛙块、红椒圈，用盐、白糖调味，翻炒收汁，同炸麻花一起装盘即可。

泡椒牛蛙 水产

原料 牛蛙500克，净莴苣100克

调料 葱段、泡姜末、泡红辣椒、胡椒粉、干豆粉、色拉油、料酒、盐各适量

做法

1. 牛蛙宰杀去头、皮、内脏，洗净，斩成块，用盐、胡椒粉、干豆粉、料酒上浆，码味。

2. 泡红辣椒去蒂、籽，切成节。莴苣切块。

3. 锅入油烧至七成热，下入牛蛙滑油断生，捞起。

4. 净锅上火，入油烧热，倒入泡姜末、泡红辣椒节炒出香味，下莴苣块、牛蛙，烹入料酒，放葱段、胡椒粉翻炒，起锅装盘即可。

馋嘴牛蛙 水产

原料 牛蛙400克，莴笋丁30克

调料 葱末、姜末、花椒、干辣椒段、辣椒油、生抽、精炼油、料酒、白糖、盐各适量

做法

1. 牛蛙洗净，斩成块。

2. 锅入油烧热，放入花椒煸香，放入姜末、葱末、干辣椒段爆出香味，再放入牛蛙煸炒至肉色变白，烹入料酒、生抽、白糖翻炒。

3. 待锅里的汁水收至浓稠，倒入莴笋翻炒，调入盐，淋上辣椒油炒匀即可。

葱辣蛙腿 水产

原料 牛蛙腿1000克，鲜红辣椒100克

调料 葱段、姜片、干辣椒段、鲜汤、红酒、香油、精炼油、糖色、白糖、料酒、盐各适量

做法

1. 牛蛙腿洗净，斩成两段，加盐、料酒、葱段、姜片码味，静置10分钟。

2. 鲜红辣椒切段，待用。

3. 锅入精炼油烧热，放干辣椒段、鲜红辣椒段、葱段炒香，倒入鲜汤、牛蛙腿、盐、糖色、红酒、白糖，文火收汁，待汁干时起锅，凉凉，淋入香油装盘即可。

原料 松花蛋300克，青尖椒、红尖椒各50克

调料 生抽、香油、醋、白糖、盐各适量

做法

1. 松花蛋洗净，去皮，切成方丁。青尖椒、红尖椒分别洗净，切成方丁。

2. 松花蛋丁、青尖椒丁、红尖椒丁放盛器内，加生抽、醋、白糖、香油、盐调味，拌匀即可。

提示 将涩口的皮蛋（不去蛋壳）浸泡在清水中，隔日换一次水，数日后即可消除涩味，香气仍存，美味依旧。

皮蛋拌辣椒

油条拌荷包蛋

红椒炒双蛋

原料 油条300克，鸡蛋3个，黄瓜50克

调料 蒜泥、辣鲜露、蚝油、生抽、白糖、盐各适量

做法

1. 油条切成条。黄瓜洗净，切条，摆盘。鸡蛋用煎锅煎成荷包蛋，切成块，摆盘。

2. 蚝油、生抽、白糖、辣鲜露、蒜泥、盐调成味汁，浇在黄瓜条、荷包蛋上即可。

提示 在水中加少许盐，可使蛋白凝结更快，鸡蛋中的营养成分也能保存得更好。

原料 皮蛋4个，鲜红泡椒50克，鸡蛋4个

调料 葱花、姜末、蒜末、植物油、盐各适量

做法

1. 皮蛋上笼蒸熟，剥去壳，切成方丁。

2. 鲜红泡椒洗净，切成小丁。

3. 将鸡蛋打入碗中，放少许盐，用筷子搅散。

4. 锅入植物油，烧至八成热，下入姜末、蒜末煸香，再放入鲜红泡椒丁炒熟，放入皮蛋炒熟，倒入蛋液拌炒至蛋液凝固，撒入葱花即可。

辣味香蛋

原料 鸡蛋4个，清水笋120克，黑木耳25克

调料 葱丝、姜丝、干红椒、淀粉、酱油、料酒、植物油、白糖、盐各适量

做法

1. 清水笋、黑木耳、干红椒分别切成丝。鸡蛋打散，加盐搅匀。

2. 锅入油烧热，放入鸡蛋液煎至两面透黄，装入盘中。

3. 另起锅入油烧热，放入干红椒丝炒香，下入清笋丝、黑木耳丝、葱丝、姜丝炒匀，调入料酒、白糖、酱油、淀粉调味，再放入鸡蛋略炒即可。

腊八豆炒荷包蛋

原料 鸡蛋4个，腊八豆150克

调料 葱丝、姜末、蒜末、红椒丝、干椒段、香辣酱、植物油、盐各适量

做法

1. 鸡蛋打入碗中，加盐搅匀。

2. 锅入植物油烧热，倒入蛋液，煎成4个连在一起的荷包蛋，取出，切成菱形块，待用。

3. 锅入油烧热，下入姜末、蒜末、干椒段煸香，再放入腊八豆煸香，放入荷包蛋，放蒜末、香辣酱炒至回油，略放一点水翻炒，撒葱丝、红椒丝，装盘即可。

酸辣金钱蛋

原料 熟鸡蛋5个，鲜红椒3克

调料 葱花、姜末、蒜末、干椒米、干淀粉、水淀粉、植物油、红油、香油、醋、酱油、盐各适量

做法

1. 熟鸡蛋切成片，码入盘中，两面拍干淀粉。将鲜红椒洗净，切成末。

2. 姜末、蒜末、干椒米、葱花、鲜红椒末放入碗中，加入盐、酱油、醋、水淀粉拌匀，调成味汁。

3. 锅入油烧热，放入鸡蛋煎至两面呈金黄色，倒入兑好的味汁，待芡粉糊化，淋入香油、红油，出锅装盘即可。

香葱虾皮炒鸡蛋

原料 鸡蛋3个，虾皮30克

调料 葱花、食用油、盐各适量

做法

1. 鸡蛋打散，加入虾皮、盐搅匀。

2. 锅入油烧热，放入葱花爆香，淋入鸡蛋液，待其凝固后，用锅铲搅散，关火。

3. 炒熟的鸡蛋撒上葱花，出锅即可。

提示 炒鸡蛋不宜放味精，否则会破坏鸡蛋本身的鲜味。烹炒时可滴几滴料酒，炒出的鸡蛋更松嫩可口。

茭白炒蛋

原料 茭白300克，鸡蛋 2个

调料 核桃油、酱油、料酒、盐各适量

做法

1. 茭白洗净，切丝。鸡蛋打散，加一点酱油、料酒。

2. 锅入核桃油烧热，倒入蛋液炒至凝固，倒出。

3. 另起锅，入油烧热，加入茭白丝翻炒，待茭白丝炒至发黄，倒入炒好的鸡蛋，加盐调味，翻炒均匀，出锅即可。

提示 此菜色泽黄白，味道鲜美，富含维生素A和钙质。健康营养的核桃油与这道清淡美食完美结合，非常适于孕妇食用。

特色黄金蛋

原料 鸡蛋黄200克，核桃仁、冬瓜条各50克

调料 黄精、当归、水淀粉、色拉油、白糖各适量

做法

1. 黄精、当归洗净，烘干，碾成末。核桃仁剁成末。

2. 碗中放入鸡蛋黄，加入水淀粉、黄精、当归，倒入适量清水搅匀。

3. 锅入油烧热，倒入搅拌好的蛋黄，翻炒片刻，加入冬瓜条、核桃仁、白糖炒至白糖完全溶化即可食用。

鱼香荷包蛋

原料 鸡蛋500克

调料 葱花、姜末、蒜瓣、辣椒碎、水淀粉、醋、酱油、植物油、酒、白糖、料汤、盐各适量

做法

1. 姜末、蒜瓣、水淀粉、醋、酱油、酒、白糖、料汤、盐调成汁。

2. 锅入油烧热，打入鸡蛋，煎至两面呈黄色，取出放入盘中。

3. 另起锅入油烧热，下入辣椒碎稍炒，倒入兑好的汁烧开，浇在鸡蛋上，撒上葱花即可。

猛子虾炒鸡蛋

原料 猛子虾150克，鸡蛋4个

调料 葱末、食用油、盐、胡椒粉各适量

做法

1. 将鸡蛋打入碗中，加盐，搅拌成蛋液。猛子虾洗净，沥干水分，放入蛋液里，加盐、胡椒粉调味。

2. 锅入油烧热，放入葱末爆香，倒入猛子虾、鸡蛋，待其凝固后，用锅铲搅散，撒葱末，翻匀即可。

滑蛋虾仁

原料 虾仁200克，鸡蛋3个

调料 葱花、胡椒粉、生粉、植物油、香油、盐各适量

做法

1. 虾仁洗净，去虾线，加盐、胡椒粉、香油、鸡蛋清、生粉腌渍入味。

2. 鸡蛋打散，加葱花、少许水拌匀。

3. 锅入植物油烧热，放入虾仁、鸡蛋翻炒均匀，出锅装盘即可。

椒麻薯蛋丝

原料 鸡蛋100克，土豆500克

调料 葱花、花椒粉、香油、精炼油、盐各适量

做法

1. 土豆削皮，切成细丝，用清水浸泡去掉淀粉。鸡蛋打散，加盐，搅拌均匀。

2. 锅入精炼油烧热，下土豆丝炸至呈金黄色，捞出沥油，待用。

3. 另起锅，放入精炼油烧热，下鸡蛋炒香，放入土豆丝、盐、花椒粉、香油炒匀起锅，撒葱花，装盘即可。

蛋煎银鱼 （蛋类）

原料 鲜银鱼200克，鸡蛋3个，葱花10克

调料 葱花、胡椒粉、食用油、盐各适量

做法

1. 鲜银鱼洗净。

2. 鸡蛋打散，放入葱花、盐、胡椒粉调味，放入银鱼拌匀，备用。

3. 锅入油烧热，倒入蛋液摊开，待鸡蛋液凝固，颠锅煎制，使鸡蛋整个翻身，至鸡蛋色泽金黄、熟透，用锅铲分成大块，出锅即可。

苦瓜煎蛋 （蛋类）

原料 苦瓜200克，鸡蛋4个

调料 胡椒粉、盐、植物油各适量

做法

1. 苦瓜洗净，去籽，切小片。鸡蛋打散。

2. 将苦瓜片放入蛋液中，加盐、胡椒粉调味。

3. 锅入油烧热，倒入苦瓜蛋液，煎至两面呈金黄色、熟透，改刀摆盘即可。

翡翠煎蛋饼 （蛋类）

原料 菠菜100克，鸡蛋2个，熟鸡胸脯肉25克

调料 葱花、植物油、盐各适量

做法

1. 菠菜洗净，切成碎末。熟鸡胸脯肉切成碎末。

2. 鸡蛋打入碗中，加盐、葱花搅打至蛋液起泡，再加入鸡肉末、菠菜末拌匀。

3. 锅入植物油烧热，倒入蛋液，轻轻转动炒锅，使鸡蛋凝成蛋饼，煎至两面焦黄即可。

红尖椒烘蛋饼 （蛋类）

原料 鸡蛋4个，红尖椒50克，葱花10克

调料 食用油、盐各适量

做法

1. 红尖椒洗净，切丁。鸡蛋打散。

2. 锅入油烧热，倒入红尖椒丁、葱花，加盐炒香，再倒入蛋液，文火让蛋液慢慢溶入到辣椒里，摊成饼，待鸡蛋凝固，两面呈金黄色，出锅改刀即可。

蛋煎小白虾 （蛋类）

原料 鲜小白虾200克，鸡蛋3个，香葱粒适量

调料 葱花、食用油、盐各适量

做法

1. 小白虾洗净。

2. 将鸡蛋打散，放入小白虾、香葱粒，加盐搅拌均匀。

3. 锅入油烧热，放入葱花爆锅，倒入小白虾、蛋液，文火煎至蛋液凝固、两面呈金黄色倒出，改刀装盘即可。

锦绣蒸蛋 （蛋类）

原料 鸡蛋3个，五花肉200克，虾仁100克

调料 葱末、太白粉、酱油、植物油、盐各适量

做法

1. 鸡蛋打入碗内搅散，加盐、适量清水搅匀，上笼蒸熟。

2. 五花肉剁成末。虾仁切成粒。

3. 锅入油烧热，放入肉末、虾粒炒至松散出油，加葱末、酱油、水，用太白粉勾芡，出锅浇在蒸蛋上即可。

豉汁虾米蒸蛋 （蛋类）

原料 鸡蛋3个，豆豉20克，虾米100克

调料 葱花、植物油、盐各适量

做法

1. 豆豉切成细末。虾米用清水泡软，切成细末。

2. 鸡蛋打散，加入豆豉、虾米、植物油、盐、清水搅成蛋液，倒入盘中，舀去蛋液边缘上的泡沫，盖上一层保鲜膜，待用。

3. 锅入水烧热，放入蛋液，加盖，文火隔水清蒸至蛋液表面凝固、无晃动感，取出，撕去保鲜膜，撒上葱花即可。

酸奶魔蛋 （蛋类）

原料 鸡蛋4个，酸奶100克

调料 香菜末、柠檬汁、盐各适量

做法

1. 鸡蛋洗净，入沸水锅中煮熟，捞出，去蛋皮，从中间切开，将蛋黄挖出，蛋白留用。

2. 将蛋黄加盐、柠檬汁调味后，放入蛋白中，浇上酸奶，撒上香菜末即可。

紫菜蛋花汤

原料 紫菜200克，鸡蛋2个

调料 香菜末、香油、盐各适量

做法

1. 紫菜用温水浸泡，拣去杂质。

2. 鸡蛋打入碗中，加盐搅拌均匀。

3. 锅入清水烧开，放入紫菜，加盐调味，倒入蛋液，淋入香油，开锅，出锅撒上香菜末即可。

甜酒冲蛋

原料 醪糟100克，糯米丸子50克，鸡蛋1个

调料 白糖、盐各适量

做法

1. 鸡蛋打散。

2. 锅入清水烧开，放入糯米丸子煮熟、漂起，加入醪糟、白糖调味，旺火烧开，将蛋液慢慢淋入汤中，快速搅拌，开锅倒出即可。

鸽蛋红珠玉笋

原料 胡萝卜300克，熟鹌鹑蛋、玉米笋各150克

调料 葱段、姜段、胡椒粉、水淀粉、清汤、植物油、盐各适量

做法

1. 胡萝卜削成球形，焯熟，冲凉。鹌鹑蛋切两半。玉米笋改斜刀。

2. 锅入油烧热，放入葱段、姜段炒香，倒入清汤略煮，捞出葱段、姜段，放玉米笋、胡萝卜球，加盐、胡椒粉烧透，捞出，摆盘。

3. 将鹌鹑蛋摆盘，锅内剩余汤汁，勾芡，起锅浇在盘内即可。

桂圆蛋花汤

原料 干桂圆肉50克，鸡蛋1个，枸杞10克

调料 红糖、糖桂花各适量

做法

1. 锅入清水烧开，放入干桂圆肉、枸杞、红糖，开锅后煮15分钟，转文火。

2. 鸡蛋打散，慢慢倒入汤中，出锅淋糖桂花即可。

凉拌白菜 蔬菜

原料 大白菜叶200克，胡萝卜、黑木耳各100克

调料 生抽、香油、醋、白糖、盐各适量

做法

1. 大白菜叶洗净，切成细丝。胡萝卜、黑木耳分别洗净，切成细丝，焯水。

2. 盐、白糖、醋、生抽、香油调成味汁。

3. 白菜丝、胡萝卜丝、黑木耳丝混合拌匀，淋上味汁，装盘即可。

脆口白菜 蔬菜

原料 大白菜帮200克

调料 花椒、干辣椒、精炼油、芥末油、盐各适量

做法

1. 大白菜帮洗净，斜刀切成厚片，用盐腌渍片刻，待用。

2. 净锅上火，放入精炼油烧热，下干辣椒、花椒炒制成泡油，倒入碗中待用。

3. 将白菜放入盆内，加盐、泡油、芥末油拌匀，装盘即可。

辣白菜卷 蔬菜

原料 白菜心300克

调料 葱末、姜末、青红椒丝、醋、植物油、辣椒油、酱油、白糖、盐各适量

做法

1. 用白菜心的中段切成长段，用牙签串成卷或用白线捆成卷，放入漏勺中，热油浇熟，去掉牙签在盘中摆成塔形，撒上青红椒丝。

2. 锅入底油，用葱末、姜末、盐、酱油、白糖、醋、水勾芡，出锅浇在白菜上，淋上辣椒油即可。

麻辣白菜 蔬菜

原料 大白菜350克

调料 花椒、干辣椒、鲜红辣椒、植物油、酱油、料酒、盐各适量

做法

1. 大白菜洗净，掰成块。

2. 干辣椒切成节，待用。鲜红辣椒切圈。

3. 锅入油烧热，放入花椒略炒，再下入干辣椒炒至变色，倒入白菜、盐翻炒，烹入料酒、酱油炒匀出锅，撒上红辣椒圈即可。

酸甜白菜卷 蔬菜

原料 白菜叶300克，圣女果100克，红椒丝30克

调料 香油、醋、白糖、盐各适量

做法

1. 白菜叶洗净，入沸水锅中加盐氽烫，捞出控水。圣女果洗净，剖十字花刀，入沸水中略烫，捞出，沥干水分。

2. 将白菜叶铺平，放入圣女果卷成白菜卷，摆放盘中。

3. 醋、白糖、香油、红椒丝调成酸甜汁，浇在白菜卷上即可。

油焖白菜 蔬菜

原料 白菜心300克，猪瘦肉50克，水发香菇片20克，火腿粒10克

调料 葱花、姜末、高汤、胡椒粉、水淀粉、香油、酱油、料酒、植物油、盐各适量

做法

1. 白菜心洗净，切条，入热油中略炸，捞出沥油。猪瘦肉洗净，切片。

2. 锅入油烧热，放入葱花、姜末、料酒、酱油爆锅，下肉片煸炒，倒入白菜条、香菇片、高汤焖3分钟，加盐、胡椒粉调味，水淀粉勾芡，收汁，淋香油，撒火腿粒、葱花即可。

鸡汁扒白菜 蔬菜

原料 白菜300克

调料 胡椒粉、鲜鸡汤、水淀粉、植物油、盐各适量

做法

1. 白菜掰成块，洗净，备用。

2. 锅入植物油烧热，放入白菜块煸炒，加入鲜鸡汤、胡椒粉、盐煮至白菜熟软入味，捞出装盘即可。

3. 锅内汤用水淀粉成芡汁，浇在白菜上即可。

清汤白菜心 蔬菜

原料 白菜心500克

调料 胡椒粉、清汤、料酒、盐各适量

做法

1. 白菜心煮熟，摆入蒸碗中，加入胡椒粉、料酒、盐、清汤，放入蒸笼蒸制4分钟，取出，沥干。

2. 锅入清汤，放入胡椒粉、料酒、盐烧开。

3. 将余下清汤淋在白菜上，沥干，白菜扣入大碗中，倒入锅中清汤即可。

红花娃娃菜 蔬菜

原料 娃娃菜350克

调料 藏红花、胡椒粉、水豆粉、鸡汤、盐各适量

做法

1. 娃娃菜洗净，划刀切瓣状，入沸水锅中焯至断生，捞出，冷水冲凉，待用。藏红花用清水浸泡，洗净。

2. 锅中加鸡汤、盐、胡椒粉、娃娃菜、藏红花烧开入味，再将娃娃菜捞出，摆盘。

3. 锅内原汁用水豆粉勾芡，淋在娃娃菜上即可。

剁椒娃娃菜 蔬菜

原料 娃娃菜300克

调料 剁椒、醋、白糖、植物油、盐各适量

做法

1. 娃娃菜洗净，撕成小片，入沸水锅中余熟。

2. 盐、白糖、醋、剁椒拌匀，调成味汁，待用。

3. 锅入油烧热，放入娃娃菜煸炒，淋入调好的味汁炒匀，出锅装盘即可。

香辣卷心菜 蔬菜

原料 卷心菜300克，红干椒段50克

调料 葱末、姜末、蒜末、香油、植物油、白糖、盐各适量

做法

1. 卷心菜择去老叶，洗净，切成大块。红干椒段用冷水泡软，捞出，备用。

2. 锅入植物油烧热，放入葱末、姜末、蒜末炝锅，再放入红干椒段煸炒片刻，放入卷心菜，调入白糖、盐，旺火炒匀，淋入香油，出锅装盘即可。

辣味卷心菜 蔬菜

原料 卷心菜350克，粉丝50克

调料 葱丝、姜丝、红辣椒、植物油、醋、酱油、白糖、盐各适量

做法

1. 红辣椒洗净，切丝。卷心菜留叶，用手撕成块，洗净。粉丝泡软。

2. 锅入植物油烧热，放入红辣椒丝、葱丝、姜丝煸出香味，加入卷心菜叶干煸至软，再放入粉丝，调入酱油、盐、白糖炒匀，出锅时烹入醋即可。

芥末拌生菜

原料 生菜200克，红杭椒圈30克

调料 熟白芝麻、芥末粉、醋、白糖、盐各适量

做法

1. 生菜洗净，切成长段，入沸水锅中焯烫，捞出，控水。

2. 芥末粉放在小碗内，用适量沸水浸泡，再放入醋、白糖、盐、红杭椒圈，调成芥末汁。

3. 生菜放入盘中，淋上调好的芥末汁，撒上熟白芝麻即可。

川式生菜沙拉

原料 生菜、黄瓜、番茄、洋葱、樱桃萝卜各100克

调料 小辣椒、白胡椒粉、沙拉油、醋、盐各适量

做法

1. 将生菜洗净，掰成片状。黄瓜洗净，切成椭圆形片。番茄洗净，切成角。洋葱、小辣椒洗净，切成圈。樱桃萝卜洗净，切成片，拼摆在盘内。

2. 沙拉油、醋调匀，再放入盐、白胡椒粉调匀，制成油醋汁，浇在盘内生菜沙拉上即可。

凉拌黄花菜

原料 干黄花菜150克，红椒丝、黄瓜丝各50克

调料 蒜泥、香油、辣椒油、盐各适量

做法

1. 黄花菜用清水浸泡5分钟，洗净，入沸水中烫熟，捞出冲凉，沥干水分。

2. 将黄花菜、红椒丝、黄瓜丝放入盛器内，加蒜泥、盐、香油、辣椒油拌匀即可。

蒜香茼蒿梗

原料 茼蒿梗300克

调料 蒜末、花椒油、植物油、盐各适量

做法

1. 茼蒿梗洗净，切段，入沸水锅中焯水，捞出冲凉，沥干水分。

2. 锅入油烧热，放入蒜末爆香，加入茼蒿梗，用盐调味，翻炒均匀，淋花椒油，出锅即可。

海米油菜心

原料 小油菜400克，水发海米40克

调料 胡椒粉、水淀粉、香油、植物油、盐各适量

做法

1. 锅入油烧热，放入油菜、海米煸炒片刻，再加水、盐、胡椒粉烧开。

2. 将油菜烧透，捞出放入盘中，然后将海米放在油菜上。

3. 锅入清水烧开，加入水淀粉收汁，淋入香油，浇在海米、油菜上即可。

香菇油菜心

原料 油菜400克，水发香菇50克

调料 鸡粉、胡椒粉、水淀粉、香油、蚝油、植物油、盐各适量

做法

1. 香菇洗净，切成片。油菜洗净，控水。

2. 锅入油烧热，放入油菜和香菇煸炒一下，再加水、蚝油、鸡粉、盐、胡椒粉烧开，将油菜烧透，捞出入盘，香菇放在油菜上。

3. 另起锅，加水烧开，加入水淀粉收汁，淋入香油，浇在香菇和油菜上即可。

鱼香油菜心

原料 油菜心200克

调料 葱末、蒜末、姜末、植物油、豆瓣酱、醋、酱油、淀粉、白糖、盐各适量

做法

1. 菜心洗净，切成长段。豆瓣酱剁碎。白糖、醋、盐、酱油、淀粉调成味汁。

2. 锅入油烧热，放入豆瓣酱、葱末、姜末、蒜末炒香，待用。

3. 菜心焯熟，加入调味汁、步骤2中的原料调味，拌匀即可。

彩蛋油菜

原料 油菜丝、鸡胸肉泥、胡萝卜粒、木耳丝各适量

调料 葱姜汁、淀粉、胡椒粉、香油、蛋清、盐各适量

做法

1. 油菜丝洗净。鸡胸肉泥加葱姜汁、盐、胡椒粉、胡萝卜粒搅拌上劲。蛋清打成雪里糊。

2. 鸡肉泥攥成丸子，裹上雪里糊、油菜丝、木耳丝，蒸熟，取出。炒锅倒入蒸鸡丸汤汁，加盐、胡椒粉，淀粉勾芡，淋香油，浇在丸子上即可。

蛋皮拌菠菜 蔬菜

原料 菠菜400克，鸡蛋4个

调料 蒜末、芥末、芝麻酱、淀粉、色拉油、醋、盐各适量

做法

1. 鸡蛋打散，加入淀粉、盐搅匀，用煎锅煎成蛋皮，切丝。

2. 菠菜洗净，放入沸水中稍焯，捞出，过凉，沥干，切长段，放入鸡蛋丝拌匀。

3. 芥末、芝麻酱用少许水调好，再放入盐、醋、蒜末拌匀，淋入菠菜拌匀即可。

芥末菠菜 蔬菜

原料 菠菜400克

调料 芥末、红椒末、香油、蚝油、醋、白糖、盐各适量

做法

1. 取适量芥末放入碗中，加入白糖、醋、盐、蚝油搅拌均匀，调成味汁。

2. 菠菜洗净，放入沸水中焯烫片刻，捞出，过凉，沥干水分，切成小段。

3. 调好的味汁倒入菠菜中，淋香油，撒红椒末拌匀，出盘即可。

姜汁拌菠菜 蔬菜

原料 菠菜500克

调料 生姜、香油、醋、白糖、盐各适量

做法

1. 去掉菠菜的老根、老叶，洗净，入沸水锅中氽熟，捞出凉凉，挤掉一些水，切成半寸长的段，放入盆中。

2. 生姜洗净，去皮，切碎，加入盐、白糖、醋拌匀，倒在菠菜上，淋上香油，拌匀即可。

芝麻酱拌菠菜 蔬菜

原料 菠菜250克，水发木耳20克

调料 葱丝、香油、芝麻酱、味达美酱油、盐各适量

做法

1. 菠菜择洗干净，入沸水锅中焯熟，捞出冲凉，沥干水分，切成段。木耳撕成小朵。

2. 芝麻酱加清水、味达美酱油、盐调成味汁。

3. 将菠菜段、木耳、葱丝放入盘中，浇上味汁，淋入香油，拌匀即可。

热炝菠菜 蔬菜

原料 菠菜300克

调料 姜末、干红尖椒、花椒油、盐各适量

做法

1. 菠菜择洗干净，用沸水烫至八成熟，捞出，投凉，沥干水分，切成长段。
2. 干红尖椒过油，炸成辣椒油。
3. 花椒油、辣椒油、盐、姜末拌匀，倒入烫好的菠菜，拌匀即可。

肉末菠菜 蔬菜

原料 猪瘦肉100克，菠菜300克

调料 葱花、姜末、胡椒粉、水淀粉、香油、酱油、白糖、食用油、盐各适量

做法

1. 锅入清水烧热，放入盐、油，下入洗好的菠菜，烫软，捞出，放入凉水里过凉，挤干水分，摆入盘中。
2. 锅入油烧热，下入肉末，炒至变色，放入葱花、姜末，加酱油、盐、白糖、胡椒粉调味，勾芡，淋入香油，浇在菠菜上即可。

雪花菠菜 蔬菜

原料 菠菜150克

调料 淀粉、面粉、熟猪油、白酒、白糖各适量

做法

1. 淀粉、面粉、白酒、水调成浆糊。菠菜叶洗净，挂糊。
2. 锅入油烧热，将挂糊的菠菜叶逐片放入油中，炸至呈银白色，捞出装盘，撒白糖即可。

蛋煎菠菜 蔬菜

原料 菠菜150克，鸡蛋4个

调料 食用油、盐各适量

做法

1. 菠菜洗净，焯水，冲凉，沥干水分，切段。
2. 将鸡蛋打散，加盐调味，放入菠菜段，拌匀。
3. 锅入油烧热，倒入菠菜蛋液，煎至两面金黄熟透，装盘即可。

火腿拌韭薹

原料 韭薹300克，火腿肠100克

调料 花椒油、白糖、盐各适量

做法

1. 将韭薹清洗干净，放入加盐的沸水中焯水，捞出，沥干水分，切段，凉凉。

2. 火腿肠切成丝，备用。

3. 将韭薹段、火腿丝放入大碗中，加入白糖、盐调匀，淋入花椒油即可。

虾酱韭菜

原料 韭菜300克，胡萝卜100克

调料 姜末、蒜末、辣椒粉、虾酱、酱油、白糖、盐各适量

做法

1. 虾酱、酱油加少许水煮开，凉凉，用纱布滤渣，留下汤汁。

2. 韭菜洗净，切长段。胡萝卜洗净，切圆片，与韭菜一起放入碗中，撒盐腌渍30分钟，沥干水分，加姜末、蒜末、辣椒粉、汤汁、白糖拌匀，倒入坛内密封，置于阴凉处，腌渍15天即可。

虾皮炒韭菜

原料 虾皮50克，韭菜300克

调料 葱丝、姜丝、色拉油、醋、盐各适量

做法

1. 韭菜洗净，切成长段。

2. 锅入油加热至五成热，放入葱丝、姜丝炒香，倒入虾皮炒至色泽转深变酥，捞出沥油，再放入韭菜，调入盐煸炒至韭菜断生、色泽翠绿。淋上醋，出锅装盘即可。

木樨韭菜

原料 韭菜200克，鸡蛋4个，水发木耳40克

调料 胡椒粉、食用油、盐各适量

做法

1. 韭菜洗净，切小段。木耳撕小朵。鸡蛋打入碗中，搅散。

2. 将韭菜段、木耳放入蛋液中，加盐调味。

3. 锅入油烧热，倒入韭菜蛋液，快速翻炒至鸡蛋凝固，撒上胡椒粉，出锅装盘即可。

小海米炝芹菜

原料 西芹300克，海米30克

调料 姜丝、花椒粒、花生油、盐各适量

做法

1. 西芹洗净，去筋，切条，焯水，捞出冲凉，沥干水分，放盛器中。海米去杂质，洗净，沥干水分。

2. 锅入油烧热，爆香花椒粒，捞出花椒粒，将油浇在西芹上，迅速盖上盖焖10分钟。

3. 西芹中加盐、海米拌匀，出锅装盘即可。

虾仁拌芹菜

原料 芹菜300克，虾仁50克

调料 姜丝、花椒油、盐各适量

做法

1. 芹菜择洗干净，切段，焯水，捞出，冲凉控水。虾仁洗净，焯水，沥干水分。

2. 将芹菜条、虾仁、姜丝放入盛器中，加盐调味，淋花椒油，拌匀即可。

红椒拌芹菜

原料 芹菜500克，红尖辣椒100克

调料 姜末、花椒油、盐各适量

做法

1. 芹菜去叶，洗净，切成长段，用沸水焯烫，捞出凉凉，沥干水分待用。红尖辣椒洗净，去蒂、籽，切成细丝。

2. 芹菜摆在盘内垫底，放入盐、花椒油拌匀，撒上红尖辣椒丝、姜末即可。

西芹拌百合

原料 鲜百合、西芹各150克，胡萝卜半根

调料 香油、盐各适量

做法

1. 鲜百合去根，分成片。西芹洗净，改段，切成条。胡萝卜洗净，切成花片。

2. 百合片、西芹条、胡萝卜花片分别入沸水中焯水，过凉，加盐、香油拌匀，装盘即可。

辣泡西芹

原料 西芹250克，红皮青椒、红尖椒各20克

调料 姜片、干辣椒、泡菜盐水野山椒、花椒、辣椒油、盐各适量

做法

1. 西芹洗净，改刀成菱形块。野山椒去蒂。红皮青椒洗净，改刀成四瓣。红尖椒洗净，切圈。

2. 泡菜盐水装入玻璃坛内，加入盐、干辣椒、花椒、西芹、野山椒、姜片、红皮青椒瓣泡至入味，捞出西芹，淋入辣椒油拌匀，撒上红尖椒圈即可。

酸辣百合芹菜

原料 芹菜300克，百合150克

调料 姜丝、红辣椒、香油、辣椒油、醋、白糖、盐各适量

做法

1. 芹菜洗净，焯水，冷水冲凉，切段。百合洗净，焯水。红辣椒洗净，去蒂、籽，切成丝。

2. 锅入香油、辣椒油烧热，放入姜丝爆香，再放入红辣椒丝翻炒均匀，改文火，倒入冷水，调入醋、白糖、盐烧沸，制成酸辣汁。

3. 取一大盆，放入芹菜、百合，倒入酸辣汁拌匀，腌渍20分钟即可。

五香芹菜豆

原料 芹菜500克，黄豆50克

调料 葱丁、姜片、蒜片、八角、花椒、酱油、香油、醋、盐各适量

做法

1. 芹菜洗净，切长段。黄豆洗净，泡开，煮熟。

2. 将花椒、葱丁、姜片、蒜片、八角、盐用沸水稍泡，加入酱油、醋调味，倒入小罐里，再放入芹菜、黄豆，放置阴凉干燥处10天即可。食用时拌入葱丁，调入香油即可。

粉蒸芹菜叶

原料 芹菜叶400克，面粉100克

调料 辣椒油、香油、醋、生抽、白糖、盐各适量

做法

1. 芹菜叶洗净，均匀地裹上一层薄面粉，入蒸锅中蒸5~6分钟，取出凉凉。

2. 生抽、盐、白糖、醋、辣椒油、香油、清水调匀，淋在蒸好的芹菜叶即可。

腰豆西蓝花 [素菜]

原料 西蓝花300克，红腰豆50克

调料 香油、盐各适量

做法

1. 西蓝花撕成小朵，洗净，放入沸水中焯水，捞出冲凉，控水。

2. 红腰豆入沸水中焯烫片刻，捞出，凉凉。

3. 将西蓝花、红腰豆放入盛器中，加盐调味，淋入香油拌匀即可。

奶油西蓝花 [素菜]

原料 西蓝花500克，牛奶75克

调料 葱末、姜末、水淀粉、高汤、清油、白糖、食用油、盐各适量

做法

1. 西蓝花撕成小朵，洗净，入沸水中焯烫片刻，捞出，沥干水分。

2. 锅入油烧热，放入葱末、姜末炝锅，倒入高汤、盐、白糖，捞出葱末、姜末，放入西蓝花、牛奶翻炒，用水淀粉勾芡，出锅即可。

锅巴蓝花脆 [素菜]

原料 西蓝花200克，锅巴片50克，花生仁10克，豆芽30克

调料 胡椒粉、水淀粉、料酒、食用油、盐各适量

做法

1. 西蓝花掰小朵，洗净，焯水，捞出，沥干水分。

2. 锅入油烧热，放入锅巴片炸至酥脆，呈金黄色，捞出摆盘。

3. 锅留油烧热，烹入料酒，放入西蓝花、豆芽、花生仁，加盐、胡椒粉调味，旺火翻炒均匀，用水淀粉勾芡，浇在炸好的锅巴上即可食用。

木耳炒西蓝花 [素菜]

原料 西蓝花300克，水发木耳50克，胡萝卜20克

调料 葱花、蒜末、食用油、香油、盐各适量

做法

1. 西蓝花撕成小朵，洗净，焯水，捞出，沥干水分。木耳洗净，撕小朵，焯水。胡萝卜洗净，切花片。

2. 锅入油烧热，放入葱花、蒜末爆香，放入西蓝花、木耳、胡萝卜片，调入盐，翻炒均匀，淋入香油出锅即可。

海米炝菜花

原料 菜花300克，海米50克

调料 花椒、香油、盐各适量

做法

1. 菜花掰成小块，洗净，入沸水中焯熟，捞出，冷水冲凉，沥干水分。海米去杂质，洗净，沥干水分。

2. 香油烧热，炸香花椒，浇在菜花上，加盐调味，撒上海米，拌匀即可。

黄金珠菜花

原料 菜花400克，罐装玉米粒100克

调料 鲜汤、牛奶、水淀粉、黄油、盐各适量

做法

1. 菜花掰成小朵，洗净，用沸水烫至六成熟，用清水过凉，沥干水分，备用。

2. 锅入黄油热至五成热，放入菜花略炒，再放入盐、玉米粒、鲜汤、牛奶，待汤汁烧沸，用水淀粉勾芡，出锅即可。

番茄菜花

原料 菜花300克，番茄150克

调料 番茄酱、水淀粉、植物油、醋、白糖、盐各适量

做法

1. 菜花掰成小块，洗净，入沸水中烫至断生，捞出，沥干水分。

2. 番茄洗净，入沸水中烫至断生，去皮，切块。

3. 锅入油烧热，放入番茄炒软，倒入番茄酱炒熟，调入白糖、水、盐、醋调味，再放入菜花烧开，用水淀粉勾芡，出锅即可。

培根小椒菜花

原料 菜花250克，培根100克，小红椒50克

调料 蒜末、香菜段、甜辣酱、生抽、盐各适量

做法

1. 菜花洗净，掰成小朵，焯水，备用。培根切片。小红椒切末。

2. 锅入油烧热，放入蒜末、小红椒末炒香，放入菜花，调入盐、生抽、甜辣酱炒匀。

3. 铁板烧热，放入培根煎至出油，再放入菜花翻炒，撒上香菜段，装盘即可。

咖喱菜花

原料 菜花300克

调料 姜末、咖喱粉、蘑菇精、水淀粉、植物油、盐各适量

做法

1. 菜花切成小朵，用盐水浸泡，洗净，入沸水中焯水，冷水冲凉，捞出，沥干水分。

2. 锅入油烧热，放入姜末爆香，调入适量咖喱粉炒匀，再倒入少许水，加盐、蘑菇精调味，水淀粉勾芡，最后放入焯过的菜花翻炒片刻，出锅即可。

山楂淋菜花

原料 菜花300克，山楂罐头100克

调料 白糖、盐各适量

做法

1. 菜花洗净，用盐水浸泡10分钟，洗净，切块，入沸水锅中焯烫至熟透，捞出，沥干水分。

2. 菜花块放入盘中摊平，山楂取出放在菜花上，再浇入山楂汁，撒上白糖即可。

铁板菜花

原料 菜花300克，培根100克

调料 蒜末、香菜段、小红椒、甜辣酱、生抽、植物油、盐各适量

做法

1. 菜花洗净，掰朵。培根切片。小红椒切末。

2. 锅入油烧热，放入蒜末、小红椒末炒香，倒入菜花，调入甜辣酱、盐、生抽炒匀。

3. 铁板烧热，放入培根煎至出油，再放入菜花，撒上香菜段即可。

脆煎菜花

原料 菜花200克，鸡蛋1个，面包渣、果酱各100克

调料 白胡椒粉、面粉、黄油、盐各适量

做法

1. 菜花掰成核桃大的朵，洗净，用沸水烫至八成熟，捞出，冷水过凉，沥干水分，调入盐、白胡椒粉拌匀，裹上面粉。

2. 鸡蛋打散，放入菜花，蘸上鸡蛋液，再滚上面包渣，用手压实。

3. 煎锅内放黄油烧至五成热，逐块下入菜花，煎至呈金黄色，捞出装盘，配果酱上桌即可。

油吃胡萝卜

原料 胡萝卜500克，黄瓜丁5克

调料 姜末、鲜汤、香油、醋、白糖、盐各适量

做法

1. 胡萝卜洗净，去皮，切成滚刀块。

2. 锅入油烧热，将胡萝卜入锅中炸至有一层硬皮，捞出，沥油。

3. 另起锅入醋、白糖、盐、鲜汤、姜末，放入胡萝卜，转文火烧至汁稠味厚，放入黄瓜丁翻炒，淋上香油即可。

泡胡萝卜

原料 胡萝卜300克

调料 花椒、白酒、盐各适量

做法

1. 胡萝卜洗净，切成滚刀块，放入坛内。

2. 净锅上火，倒入适量清水，调入盐烧沸，凉凉，倒入坛内，放入花椒、白酒，盖上坛盖，每天翻动1次，8~10天后，即可食用。

油泼双丝

原料 莴笋、胡萝卜各200克

调料 干辣椒丝、菜籽油、白糖、盐各适量

做法

1. 莴笋洗净，切丝。胡萝卜洗净，切丝。

2. 将切好的莴笋丝、胡萝卜丝入沸水中焯水，捞出，冷水冲凉，沥干水分，加盐、白糖调味，拌匀，摆放盘中，撒上干辣椒丝。

3. 炒锅上火烧热，放入菜籽油烧开，趁热淋在莴笋丝、胡萝卜丝上即可。

炸胡萝卜片

原料 胡萝卜300克

调料 面粉、淀粉、鸡蛋、植物油、盐各适量

做法

1. 胡萝卜洗净，去皮，切成圆片。将胡萝卜片加盐入味。

2. 鸡蛋打入碗中，加淀粉、面粉、水调成鸡蛋糊。

3. 锅入植物油烧至七成热，将胡萝卜片逐片裹蘸上鸡蛋糊，放入油锅中炸熟，捞起控油，摆放盘中即可。

冰镇小红丁 蔬菜

原料 小红萝卜300克

调料 冰糖、刨冰各适量

做法

1. 红萝卜洗净，切去根、梗，改十字花刀，放在刨冰上，放入冰箱冷冻10分钟。
2. 将冰糖用温水泡开，凉凉，待用。
3. 取出红萝卜，浇上冰糖水即可。

利水萝卜丝 蔬菜

原料 红心萝卜200克

调料 芝麻、香油、辣椒油、醋、盐各适量

做法

1. 红心萝卜去皮，切成细丝，用盐稍腌，待用。
2. 将萝卜丝放入盆内，加醋、香油拌匀，淋上辣椒油，撒上芝麻，装盘即可。

糖醋萝卜丝 蔬菜

原料 红心萝卜300克

调料 黑芝麻、香油、醋、白糖、盐各适量

做法

1. 红心萝卜洗净，剖成两瓣，直刀切成片，再切成细丝，用少许盐码入盘中待用。
2. 将盘中的萝卜丝用清水洗净，沥干水分，再放入白糖、醋、盐、香油、黑芝麻拌匀即可。

香油双色萝卜 蔬菜

原料 红心萝卜200克，白萝卜150克

调料 姜丝、香菜段、花椒、香油、醋、盐各适量

做法

1. 红萝卜、白萝卜分别洗净，切成细丝，加少许盐腌渍片刻，去掉水分，盛入盘中。
2. 锅入香油烧热，放入花椒稍炸，捞去花椒，下入姜丝爆锅，倒入少许水、盐、醋调味，淋在红萝卜丝、白萝卜丝上，拌匀，撒上香菜段即可。

辣腌萝卜条

原料 青皮萝卜300克

调料 姜丝、蒜泥、辣椒粉、红油、料酒、白糖、盐各适量

做法

1. 萝卜洗净，切成长条。

2. 将萝卜条装入坛子里，层层撒上盐，腌24小时取出，压尽渗出的水分。

3. 压好的萝卜条放入容器里，加辣椒粉、红油、料酒、白糖、姜丝、蒜泥拌匀即可。

辣炒萝卜干

原料 萝卜干300克，梅菜100克

调料 葱末、蒜末、红辣椒末、香油、酱油、白糖、植物油、盐各适量

做法

1. 将萝卜干泡水，洗净，捞出沥干，切条。梅菜切末。

2. 锅入油烧热，放入红辣椒末、蒜末，倒入萝卜干、梅菜、葱末，调入白糖、酱油调味，淋入香油炒香即可。

回锅萝卜

原料 排骨300克，白萝卜100克

调料 葱花、排骨酱、植物油、料酒、醋、白糖、盐各适量

做法

1. 排骨洗净，切成段，入沸水中焯烫，捞出，沥干水分。白萝卜洗净，去皮，改刀成菱块。

2. 锅入油烧热，下入排骨酱煸香，加入白萝卜块炒软，倒入清水，下入排骨块，用白糖、醋、料酒调味，熟后原汤浸泡24小时。

3. 将白萝卜块捞出，用原汤勾芡，撒葱花即可。

香煎萝卜丝饼

原料 青萝卜200克，鸡蛋2个

调料 葱花、胡椒粉、面粉、淀粉、食用油、盐各适量

做法

1. 将萝卜洗净，去皮，切丝，焯水，捞出，沥干水分。

2. 鸡蛋打散，倒入萝卜丝中，用盐、胡椒粉、葱花调味，加淀粉、面粉搅拌均匀。

3. 煎锅入油烧热，将萝卜丝面糊制成小饼形，下入锅中煎至两面呈金黄色，熟透即可。

什锦番茄烧

蔬菜

原料 番茄200克，白萝卜、莴笋、火腿各100克

调料 香油、醋、白糖、盐各适量

做法

1. 白萝卜、莴笋分别去皮，洗净，切成细丝。火腿切成丝。

2. 将番茄洗净，切成小块，放入盘中垫底。

3. 将白萝卜丝、莴笋丝、火腿丝加入盐、香油、白糖、醋拌匀，放入装番茄块的盘中即可。

软熘番茄

蔬菜

原料 番茄200克，鸡蛋2个

调料 水淀粉、面粉、干淀粉、香油、植物油、醋、白糖、盐各适量

做法

1. 鸡蛋、面粉、干淀粉、盐、清水调成厚糊。番茄洗净，切瓣，均匀地裹上一层面粉，挂上厚糊。

2. 锅入油烧热，放入番茄炸至结壳，捞出。复炸至呈金黄色，捞出。

3. 锅留余油，将番茄的瓤汁倒入锅中烧沸，加入白糖、醋、清水烧沸，淋入水淀粉，至卤汁稠浓，将番茄块倒入锅中，淋入香油即可。

糖醋番茄

蔬菜

原料 番茄200克，鸡蛋2个

调料 胡椒粉、高汤、面粉、水淀粉、淀粉、香油、植物油、料酒、醋、酱油、白糖、盐各适量

做法

1. 鸡蛋打散，加淀粉、面粉调成全蛋糊。番茄洗净，入沸水中焯烫，去皮，切瓣，去瓤，裹匀全蛋糊，入油锅炸至呈牙黄色，捞出。

2. 锅中加高汤、酱油、盐、胡椒粉、料酒、醋、白糖，勾芡，淋香油，起锅浇在番茄上即可。

果酱番茄饼

蔬菜

原料 番茄250克，鸡蛋1个

调料 胡椒粉、巧克力酱、面包渣、面粉、色拉油、盐各适量

做法

1. 鸡蛋打散。番茄洗净，切成厚片，撒上胡椒粉、盐，蘸上面粉，裹匀蛋液，滚上面包渣，用手压实。

2. 油锅烧热，下番茄片，炸至金黄色，捞出，沥油。

3. 将巧克力酱抹在番茄饼上，上面再覆盖一个番茄饼，夹好，一切为二，装盘即可。

拌山药丝

原料 山药200克，水发香菇、胡萝卜、青椒各50克

调料 香油、盐各适量

做法

1. 山药去皮，切成丝，洗净，沥干水分。

2. 水发香菇、胡萝卜、青椒分别洗净，切成丝。

3. 山药丝、青椒丝、香菇丝、胡萝卜丝调入盐，淋入香油拌匀，装入盘中即可。

橙汁山药

原料 山药200克，圣女果50克

调料 白糖、蜂蜜、橙汁各适量

做法

1. 圣女果洗净，切成方块，铺在盘底。

2. 山药去皮，切成片状，洗净，沥干水分，用橙汁、白糖泡至入味，摆放到圣女果上面。

3. 圣女果上淋上蜂蜜即可。

蜜汁山药墩

原料 山药750克

调料 蓝莓酱、蜂蜜、食用油、白糖各适量

做法

1. 山药去皮，切成长条，修成圆柱体，用沸水汆烫，捞出。

2. 锅入白糖烧热，炒至呈金红色，加水、蜂蜜、白糖，倒入汆烫好的山药墩，文火收汁，至山药熟透，装盘。

3. 剩余的糖汁再收浓，淋上明油，浇在山药墩上，用蓝莓酱点缀即可。

京糕山药丝

原料 山药200克，京糕80克，水发木耳20克

调料 葱丝、姜丝、香油、白糖、醋、盐各适量

做法

1. 京糕切细丝。木耳洗净，切成细丝。

2. 山药去皮，洗净，切成细丝，用凉水泡5分钟，入沸水中焯烫，捞起，过凉，沥干水分。

3. 葱丝、姜丝、木耳丝拌匀，加盐调味。白糖、醋、盐、香油调成汁，浇在山药丝上即可。

香菜拌土豆丝 蔬菜

原料 土豆丝250克

调料 蒜末、香菜段、熟芝麻、辣椒油、盐各适量

做法

1. 土豆丝用凉水洗一下，捞出，沥干水分，入沸水中烫至断生，捞出投凉，沥干水分。

2. 蒜末、盐、香菜段、辣椒油调匀，倒入烫好的土豆丝中，撒上芝麻即可食用。

干锅土豆片 蔬菜

原料 土豆2个，青椒、红椒各50克

调料 葱花、姜片、蒜片、郫县豆瓣、植物油、盐各适量

做法

1. 土豆洗净，切片，入清水中洗去表面的淀粉，捞出，用厨房纸擦干表面水分。青椒洗净，切丝。红椒洗净，切圈。

2. 锅中油烧热，下入土豆片炸至呈金黄色，捞出。

3. 锅留底油，放入葱花、姜片、蒜片爆香，倒入土豆片翻炒，倒入青椒丝、红椒圈，加盐、郫县豆瓣、热水，关火，撒上葱花即可。

香辣土豆丁 蔬菜

原料 土豆200克，腰果、洋葱、青尖椒、红尖椒共100克

调料 植物油、辣椒酱、白糖、盐各适量

做法

1. 洋葱洗净，切粒。腰果切碎。青红椒去蒂、籽，洗净，切丁。土豆去皮，洗净，切成丁，入油锅炸至呈金黄色，捞出沥油。

2. 锅留底油烧热，放入辣椒酱、洋葱粒、青尖椒丁、红尖椒丁炒香，放入土豆丁、白糖炒匀，撒入腰果碎即可。

芹菜土豆条 蔬菜

原料 芹菜300克，土豆100克

调料 葱丝、姜丝、干辣椒丝、鲜汤、酱油、花椒油、植物油、盐各适量

做法

1. 芹菜择洗净，去筋，切成寸段。土豆去皮，切条，洗净。

2. 锅入油烧热，加葱丝、姜丝、干辣椒丝炒香，倒入土豆条，烹入酱油、鲜汤烧至土豆条软熟，再放入芹菜炒透，用盐调味，淋入花椒油，出锅即可。

青椒土豆条 蔬菜

原料 土豆500克，鸡蛋1个，青柿椒50克

调料 葱丝、姜丝、蒜片、植物油、清汤、淀粉、香油、盐各适量

做法

1. 土豆洗净，去皮，切成方条。青柿椒洗净，去籽，切成长条。鸡蛋打散，加淀粉调成糊。将土豆条放入蛋糊中裹匀。

2. 锅入油烧热，放土豆条，炸透，捞出，沥油。

3. 另起锅，下蒜片、葱丝、姜丝、青椒翻炒，加清汤、盐烧开，勾芡，放入土豆条翻炒，淋香油即可。

干炒土豆条 蔬菜

原料 土豆300克

调料 葱花、姜丝、花椒、干辣椒、生抽、孜然粉、辣椒粉、盐各适量

做法

1. 土豆去皮，洗净、切成方条。锅入油烧至六成热，放入土豆条，炸至外皮焦脆，捞出。

2. 炒锅中留少许油烧热，放辣椒粉、孜然粉、干辣椒、花椒，文火炸出香味，再放入姜丝爆香，倒入炸好的土豆条，调入盐、生抽，旺火煸干水分，撒入葱花，装盘即可。

酸菜土豆汤 蔬菜

原料 土豆300克，酸菜150克

调料 鲜汤、色拉油、盐各适量

做法

1. 酸菜洗净，切片待用。土豆去皮，洗净，切成筷子头厚的片，待用。

2. 锅入油烧热，放入酸菜炒出香味，倒入鲜汤烧沸，下入土豆片煮熟，放入盐调味，起锅装盘即可。

麻辣煎土豆片 蔬菜

原料 土豆500克

调料 黄油、胡椒粉、盐、蒜末、红辣椒末、花椒各适量

做法

1. 土豆洗净，去皮，切成3毫米厚的大片，备用。

2. 锅入黄油烧热，加入蒜末、红辣椒末、花椒爆香，放入土豆片，煎至两面呈浅黄色，用盐、胡椒粉调味，装盘即可。

香干芋头

原料 芋头250克,豆腐干50克

调料 香油、盐各适量

做法

1. 芋头清洗干净,入沸水锅中汆熟,捞出凉凉。

2. 豆腐干放入沸水锅汆水,捞出凉凉。

3. 将汆水后的芋头、豆腐干分别切成丁,放入碗中,加盐调味,淋入香油拌匀,装盘即可。

红油芦荟

原料 芦荟150克

调料 香油、辣椒油、酱油、白糖、盐各适量

做法

1. 锅入清水,放入芦荟汆水至断生,捞出,改刀成6厘米长、0.2厘米宽的片,放入盘中。

2. 将酱油、盐、白糖、辣椒油、香油调成红油味汁,浇在盘中的芦荟上,装盘即可。

双椒拌嫩藕

原料 莲藕300克,青椒、红椒各50克

调料 白糖适量

做法

1. 青椒、红椒分别去蒂、籽,洗净,切成丝。

2. 将莲藕洗净,削去皮,斜刀切成片,放入沸水锅里焯熟,捞出,放入冷沸水盆中泡凉后捞出,装入盆里,撒上白糖、青椒丝、红辣椒丝拌匀即可。

糖醋莲藕

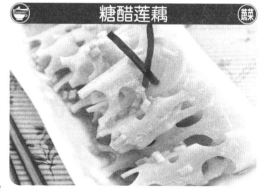

原料 莲藕400克

调料 葱花、姜末、花椒、醋、花生油、香油、料酒、白糖、盐各适量

做法

1. 莲藕去节、去皮,粗节一剖两半,切成薄片,入沸水中略烫,再用凉水冲凉,捞出,沥干水分。

2. 锅入花生油烧热,放入花椒炸香,捞出,再下葱花略煸,倒入藕片中,加入料酒、盐、白糖、醋、姜末拌匀,淋香油,出锅即可。

香炒藕片

原料 嫩莲藕300克，野山椒100克

调料 姜末、花椒油、植物油、醋、白糖、盐各适量

做法

1. 莲藕去皮，洗净，切成片，放入清水浸泡一会儿，捞出，沥干水分。

2. 锅入清水，加盐、植物油烧开，放入藕片焯熟，捞出，沥干水分，备用。野山椒剁碎。

3. 锅入油烧热，放入姜末、野山椒碎炒香，下入藕片，加盐、白糖、醋调味，淋入花椒油炒匀即可。

野山椒炝藕片

原料 莲藕300克，野山椒100克

调料 花椒、干红辣椒、色拉油、盐各适量

做法

1. 干红辣椒剪成小段。藕去皮，洗净，切成薄片，入沸水中焯熟，捞出，沥干水分，备用。

2. 锅入油烧热，放入花椒、干红辣椒炒出香味，下入藕片、野山椒，调入盐，快速炒匀，起锅装盘即可。

铁锅风干藕

原料 莲藕350克，鲜五花肉片150克，洋葱丝50克

调料 姜末、蒜末、老卤水、酱油、胡椒粉、色拉油各适量

做法

1. 藕洗净，放入老卤水中卤至入味切片，放在通风的位置风干。鲜五花肉洗净，切成方块。

2. 锅入油烧热，将洋葱丝煸香，入铁锅中垫底，再将鲜五花肉片、藕片放入锅中煸香，倒入酱油、胡椒粉、姜末烹至入味，再撒入蒜末，将小铁锅带火上桌即可。

咸酥藕片

原料 藕段350克

调料 葱花、面粉、椒盐、芝麻、南乳汁、色拉油各适量

做法

1. 藕段洗净去皮，切成藕片，加南乳汁调匀，腌渍片刻，拍上面粉。

2. 锅入油烧热，放入藕片炸熟，捞出沥油，备用。

3. 锅留少许油烧热，加入葱花、椒盐、芝麻略炒，倒入炸好的藕片翻炒均匀，出锅即可。

干烧茭白

蔬菜

原料 茭白400克

调料 葱花、姜末、花椒、花生油、香油、料酒、醋、白糖、盐各适量

做法

1. 茭白洗净，切成薄片，用热水略烫，再用凉水洗净。

2. 锅入花生油烧至七成热，投入花椒炸香，捞出，再下葱花略煸，倒入茭白，加入料酒、盐、白糖、醋、姜末拌匀，淋入香油，装盘即可。

海米茭白

蔬菜

原料 茭白250克，海米25克

调料 花椒油、白糖、盐各适量

做法

1. 茭白剥皮，切丝。海米用温水泡软。

2. 茭白入沸水锅中焯水，冷水过凉，备用。

3. 茭白丝、海米放入碗中，加盐、白糖调味，淋入花椒油，拌匀装盘即可。

红油茭白

蔬菜

原料 茭白300克，青尖椒、红尖椒各50克

调料 辣椒油、白糖、盐各适量

做法

1. 茭白去壳、皮，洗净，拍松，切成条形。青尖椒、红尖椒分别洗净，切条。

2. 锅入清水烧开，放入茭白煮至熟透，捞出，冷水冲凉。

3. 茭白、青尖椒条、红尖椒条加入辣椒油、白糖、盐拌匀，装盘即可。

茭白肉丝

蔬菜

原料 茭白300克，猪肥瘦肉丝100克

调料 蒜末、红辣椒、鲜汤、胡椒粉、淀粉、植物油、料酒、盐各适量

做法

1. 肉丝加盐、料酒、淀粉拌匀，腌渍片刻。红辣椒洗净，切圈。茭白洗净，切成粗丝。

2. 盐、胡椒粉、料酒、水淀粉、鲜汤调成味汁。

3. 热锅入油，把肉丝炒至变色，倒入蒜末炒香，倒入茭白丝翻炒，加入调好的味汁、红辣椒圈，翻炒均匀即可。

辣炒茭白毛豆

原料 茭白300克，毛豆100克，青辣椒、红辣椒各50克

调料 葱末、姜末、酱油、植物油、白糖各适量

做法

1. 茭白削皮，放入沸水中稍烫，捞出，纵剖成两半，再切成斜长片。青辣椒、红辣椒去蒂、籽，切成圈。毛豆入冷水锅中煮10分钟，捞起。

2. 炒锅上火，入油烧至六成热，放入葱末、姜末煸出香味，再放入茭白、毛豆、青辣椒圈、红辣椒圈、酱油、白糖煸炒入味即可。

椒盐茭白盒

原料 茭白、猪肥瘦肉各300克，面粉、鸡蛋黄、梅菜各100克

调料 葱花、姜末、酱油、花椒粉、面粉、淀粉、植物油、盐各适量

做法

1. 鸡蛋黄、面粉、淀粉调成蛋糊。花椒粉、盐制成花椒盐。猪肥瘦肉、梅菜切成粒，加入酱油、盐、姜末、葱花拌成馅。

2. 茭白洗净，切成片，填入馅，裹上蛋糊，入油锅，炸至黄色，捞出。待油温升高，再次放入茭白盒炸至外酥里嫩，捞出沥油，撒花椒盐即可。

板栗鲜笋肉

原料 竹笋300克，栗子100克，猪肉150克

调料 黑胡椒、植物油、水淀粉、酱油、料酒、白糖、盐各适量

做法

1. 笋去壳煮熟，捞出切条。栗子入沸水锅中氽烫，剥去皮。猪肉洗净，切厚片，氽水，洗净。

2. 净锅上火，放入笋、猪肉、栗子，调入黑胡椒、植物油、酱油、料酒、白糖、盐，再加入适量清水煮开，改文火烧至入味，收浓汤汁，用水淀粉勾芡，出锅即可。

鸡汁嫩笋

原料 冬笋肉300克，蘑菇100克，熟火腿50克

调料 葱段、姜片、鸡汤、胡椒、水淀粉、猪油、盐各适量

做法

1. 蘑菇洗净，切片。熟火腿切成菱形片。冬笋肉切成薄片。

2. 锅入猪油烧热，放入姜片、葱段煸炒，倒入鸡汤，下笋片，再加入熟火腿片、蘑菇片、盐、胡椒加盖焖约4分钟。揭盖拣去葱段，用水淀粉勾芡即可。

麻辣干笋丝 蔬菜

原料 干竹笋150克

调料 葱丝、酱油、辣椒、花椒粉、淘米水、红油、香油、植物油、盐各适量

做法

1. 干竹笋用温水泡发，用淘米水揉搓，洗去硫磺味，再撕成粗丝，切短节，入沸水锅中氽烫，捞出，沥干水分。

2. 炒锅入植物油烧热，放入辣椒炒出香味，放入竹笋丝略炒，淋上香油，调入盐、酱油、红油、花椒粉，撒入葱丝拌匀即可。

干煸冬笋 蔬菜

原料 冬笋350克，猪瘦肉150克，榨菜50克

调料 江米酒、香油、猪油、盐各适量

做法

1. 冬笋洗净，切成长条。猪瘦肉洗净，剁碎。榨菜洗净，切碎。

2. 锅入猪油烧热，放入冬笋炸至呈浅黄色，捞出，沥油。

3. 锅留底油烧热，放入猪肉碎、冬笋煸炒，再放入榨菜煸炒至冬笋表皮起皱，调入盐，淋上香油、江米酒，颠翻几下出锅即可。

干烧冬笋 蔬菜

原料 冬笋尖片250克，水发冬菇丁30克，胡萝卜丁25克，青豆25克

调料 葱末、姜末、辣豆瓣碎、红油、白糖、食用油、素汤、盐各适量

做法

1. 分别将冬笋尖片、冬菇丁、青豆、胡萝卜丁洗净，入沸水中煮透捞出。

2. 油锅烧热，下葱姜末炝香，放辣豆瓣炒出红油，加素汤、盐、白糖、冬笋、冬菇、胡萝卜、青豆烧开，文火烧10分钟，收汁，淋入红油即可。

雪菜冬笋 蔬菜

原料 鲜冬笋400克，雪里蕻100克

调料 胡椒粉、料酒、白糖、盐各适量

做法

1. 鲜冬笋剥开，取出鲜笋肉，放入清水锅中烧开，煮20分钟，捞出，冷水冲凉，切成粗丝。

2. 雪里蕻洗净，切成碎末。

3. 冬笋、雪里蕻加入料酒、盐、胡椒粉、白糖拌匀即可。

糟汁醉芦笋 蔬菜

原料 芦笋200克

调料 醪糟汁、枸杞、盐各适量

做法

1. 芦笋去老皮，洗净，切成节，锅入清水烧沸，氽水断生，捞出放入盆内，加醪糟汁、枸杞、盐泡起，待用。

2. 芦笋摆在盘内，淋上醪糟汁即可。

酸辣玉芦笋 蔬菜

原料 芦笋200克

调料 辣椒油、醋、盐各适量

做法

1. 芦笋洗净，去皮，切成片，放入沸水锅中氽水，捞出，放入盆内待用。

2. 将盐、辣椒油、醋调成酸味辣汁，淋在处理好的芦笋上，装盘即可。

芦笋炒腊肉 蔬菜

原料 芦笋丝300克，腊肉丝100克

调料 姜丝、干红椒丝、水淀粉、植物油、蚝油、香油、料酒、盐各适量

做法

1. 芦笋、腊肉洗净。

2. 锅入清水，加入料酒、盐烧开，下芦笋焯水，捞出，沥干水分。

3. 锅留底油烧热，下入腊肉丝煸香，放入干红椒丝、姜丝炒香，再加入芦笋，调入盐、蚝油炒匀，用水淀粉勾芡，淋入香油即可。

南瓜烩芦笋 蔬菜

原料 南瓜200克，芦笋150克

调料 蒜片、水淀粉、鲜汤、色拉油、香油、绍酒、盐各适量

做法

1. 南瓜、芦笋分别洗净、切条。锅入清水、盐烧开，分别放入南瓜条、芦笋条焯透，捞出，冷水过凉，沥干水分。

2. 锅内加油烧至五成热，下入蒜片炒香，放入南瓜条、芦笋条略炒，烹入绍酒、鲜汤、盐炒匀，水淀粉勾芡，淋入香油，出锅即可。

红油拌莴笋 蔬菜

原料 嫩莴笋400克

调料 干辣椒、花生油、醋、盐各适量

做法

1. 莴笋去皮洗净,切成斜片,放碗中加盐腌渍5分钟,沥干水分。

2. 锅入花生油烧热,放入干辣椒炸出香味,浇在莴笋上,加盐、醋拌匀即可。

姜丝拌莴笋 蔬菜

原料 莴笋300克,姜丝100克

调料 香油、醋、盐各适量

做法

1. 把莴笋剥去外皮,洗净,切成细丝,入沸水中余水,捞出,冷水冲凉,沥干水分。

2. 取一半姜丝同处理好的莴苣丝拌匀,放入盘中。另一半姜丝,加盐、醋、香油调成汁,浇在莴笋上即可。

酸甜莴笋粒 蔬菜

原料 莴笋500克,熟鸡蛋黄2个,洋葱20克

调料 香菜末、奶油、胡椒粉、醋、盐各适量

做法

1. 莴笋洗净,用沸水余烫,捞出擦干,切成小长方块。洋葱去皮,洗净,切成末。

2. 熟鸡蛋黄切成末放碗内,加胡椒粉、盐拌匀。

3. 锅入奶油烧热,倒入调好的鸡蛋黄内充分搅匀,再加入洋葱末、香菜末、醋拌匀,淋在莴笋块上,即可食用。

香菇炝翠笋 蔬菜

原料 莴笋300克,香菇丝100克

调料 蒜末、干红椒丝、花椒、食用油、香油、盐各适量

做法

1. 莴笋洗净,切丝。香菇丝洗净,焯水,捞出,过凉。

2. 锅入油,放入莴笋丝,烧至六七成热,放入花椒翻炒出香味,关火,撒入蒜末、干红椒丝,淋入香油,拌匀盛入盘中凉凉。

3. 撒上盐、香菇丝,滴香油,淋上热油,拌匀即可。

红腐汁莴笋

原料 莴笋500克

调料 水淀粉、鲜鸡汤、南乳汁、植物油、香油、白糖、盐各适量

做法

1. 莴笋去叶、去皮，洗净，切成长方条，放入水中煮至八成熟，捞出备用。

2. 炒锅上火，倒入植物油烧热，放入处理好的莴笋条翻炒，再放入鲜鸡汤、盐、白糖、南乳汁烧透，用水淀粉勾芡，淋上香油，出锅即可。

辣春笋

原料 春笋350克，猪五花肉150克

调料 郫县豆瓣、水淀粉、鲜奶、植物油、酱油、盐各适量

做法

1. 将春笋洗净，入沸水锅中煮10分钟，捞出，冷水冲凉，沥干水分，切滚刀块。五花肉洗净，切片。

2. 锅入植物油烧至五成热，下入肉片炒熟，加盐、郫县豆瓣炒至呈红色，放入笋块、鲜奶、酱油烧沸，用水淀粉勾浓芡，起锅装盘即可。

咸肉辣春笋

原料 春笋300克，熟咸肉100克

调料 葱花、姜末、蒜末、辣酱、红油、植物油、酱油、盐各适量

做法

1. 春笋洗净，切滚刀块，入沸水锅中加盐略煮，捞出，过凉，沥干。咸肉切片，用温水泡去咸味。

2. 锅入油烧热，放入葱末、姜末、蒜末、川味辣酱爆香，再加入春笋块、咸肉片翻炒，倒入清水，调入盐、酱油调味，旺火收汁，淋入辣椒油，撒上葱花翻匀，出锅即可。

蚝油春笋

原料 春笋500克

调料 香油、花生油、蚝油、酱油、白糖、盐各适量

做法

1. 春笋洗净，放入沸水中焯透，捞出，沥干水分，切滚刀块。

2. 锅入花生油烧至五六成热，淋入蚝油略微煸炒，再放入春笋翻炒，加盐、白糖、酱油翻炒均匀，淋上香油，出锅即可。

杨梅甘笋 蔬菜

原料 胡萝卜200克

调料 话梅水、杨梅、白糖、盐各适量

做法

1. 胡萝卜洗净，切成片，片的中间划改两刀成花刀，用盐腌渍。

2. 杨梅泡发，加白糖，待用。

3. 胡萝卜泡在话梅水中，加盖放入冰柜，冷却。将杨梅去核摆在圆盘边，胡萝卜拧成花形，摆放在盘中心即可。

水豆豉苦笋 蔬菜

原料 苦笋300克，水豆豉50克

调料 姜末、干辣椒、整花椒、香油、植物油、盐各适量

做法

1. 苦笋剥去皮，切成小方丁，入沸水中文火煮30分钟，捞出，用清水浸泡，去除苦味。干辣椒洗净，切成小节。

2. 锅入油烧至六成热，下干辣椒、整花椒炒出香味，放入姜末、水豆豉炒干水分，倒入苦笋丁、盐、香油炒匀，出锅装盘即可。

腊味炒罗汉笋 蔬菜

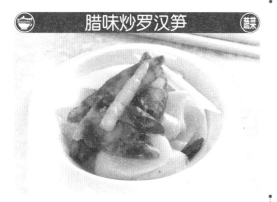

原料 罗汉笋300克，腊肠100克

调料 植物油、蒜末、干红辣椒段、盐各适量

做法

1. 罗汉笋洗净，切片。腊肠切片。

2. 锅入油烧热，放入蒜末、干红辣椒段炝锅，再放入腊肠翻炒，最后放入笋片炒熟，调入盐炒匀，出锅即可。

凉拌苦瓜 蔬菜

原料 苦瓜500克

调料 蒜泥、香油、盐各适量

做法

1. 苦瓜一剖两半，去瓤，洗净，切片，入沸水中焯烫，捞出，凉水冲凉，控干水分。

2. 将苦瓜片加盐腌，控干水分，加入蒜泥、香油拌匀即可。

清拌苦瓜 蔬菜

原料 苦瓜400克

调料 干辣椒丝、植物油、白糖、盐各适量

做法

1. 苦瓜洗净，去瓤，切成条，入沸水锅中焯水，捞出，冷水冲凉，沥干水分。

2. 苦瓜条放盛器中，加盐、白糖调味，放入干辣椒丝拌匀。

3. 锅入植物油烧热，将热油淋在苦瓜条上拌匀即可。

芝麻拌苦瓜 蔬菜

原料 苦瓜350克

调料 芝麻、香油、醋、盐各适量

做法

1. 苦瓜洗净，切成薄片，放入盐水中略泡，捞出沥水。

2. 炒锅烧热，放入芝麻，文火炒香，取出凉凉，碾碎，调入少许盐拌匀，制成芝麻盐。

3. 苦瓜条放入容器中，加入醋、盐腌渍片刻，撒上芝麻盐，淋上香油即可。

酿苦瓜 蔬菜

原料 苦瓜200克，猪肉馅250克

调料 调料A（葱末、蒜末、米酒、香油、酱油）、调料B（红辣椒末、豆豉、色拉油、白糖）、生粉、盐各适量

做法

1. 苦瓜洗净，去籽，切成圆柱状，用适量盐、生粉涂抹均匀。

2. 猪肉馅与调料A搅拌匀，摔打成有黏性的肉馅。

3. 将肉馅酿入苦瓜柱中，排入刷好油的盘中，再加入调料B，用强微波加热15分钟即可。

干煸苦瓜 蔬菜

原料 苦瓜500克，梅菜20克，豆豉10克，辣椒糊25克

调料 葱末、姜末、花生油、酱油、白糖、盐各适量

做法

1. 苦瓜洗净，去瓤，斜刀切片，用盐腌渍片刻。豆豉剁碎。

2. 锅烧热，下苦瓜片煸至水分渐干、八成熟，捞出。

3. 锅入油烧热，下入梅菜煸炒，放入辣椒糊、豆豉碎炒出香味，再下入葱末、姜末煸炒片刻，倒入苦瓜片、酱油、盐、白糖、清水煸炒均匀即可。

怪味苦瓜 蔬菜

原料 苦瓜500克

调料 豆豉、香油、酱油、食用油、盐各适量

做法

1. 苦瓜洗净，对切两半，去掉瓜瓤，切长条，放入沸水锅内煮至断生，捞出，沥干水分，拌少许盐，淋入香油。

2. 锅入油烧热，下入豆豉炒酥，铲出放在案板上，并将其剁碎倒在锅内，加酱油调匀，淋在苦瓜上即可。

粉丝拌黄瓜 蔬菜

原料 干粉丝200克，黄瓜200克，白菜帮50克

调料 白糖、香油、盐各适量

做法

1. 干粉丝泡发，放入沸水中煮熟，捞出，沥水，切长段，撒上盐、白糖拌匀。

2. 黄瓜洗净，切成细丝，撒入少许盐腌渍片刻，滤去盐水，放入盘内备用。白菜帮洗净，切成细丝。

3. 将白菜帮丝、黄瓜丝垫在盘底，粉丝放上面，淋上香油即可。

炝黄瓜条 蔬菜

原料 嫩黄瓜500克

调料 花椒、香油、酱油、醋、白糖、盐各适量

做法

1. 黄瓜洗净，切成长方条，用盐稍腌，去掉水分，加醋、白糖、酱油拌匀。

2. 锅入香油烧热，下入花椒慢火炒出香味，去掉花椒，把油浇在黄瓜上即可。

糖醋黄瓜卷 蔬菜

原料 黄瓜350克

调料 香油、醋、白糖各适量

做法

1. 黄瓜洗净，切成小段，挖去中间的瓤、籽，仅留其皮肉，使其呈半圆的形态。

2. 白糖、醋调成汁，将黄瓜卷放入调味汁中浸约30分钟，淋上香油，装盘即可。

酸辣黄瓜条

原料 黄瓜350克

调料 红辣椒、红辣椒圈、香油、花生油、醋、白糖、盐各适量

做法

1. 黄瓜洗净，切成长条，放入盘内，加盐腌渍10分钟，沥干水分。
2. 锅入花生油烧热，放入红辣椒炸出辣味，捞出红辣椒不用。
3. 待油稍凉，浇在盘内黄瓜条上，再将白糖、醋放在黄瓜条上，淋上香油，撒上红辣椒圈，食用时拌匀即可。

豆瓣黄瓜片

原料 黄瓜350克

调料 蒜片、红辣椒圈、辣豆瓣酱、香油、白糖、盐各适量

做法

1. 黄瓜洗净，切片，再用盐腌渍至黄瓜出水，变软，捞出，冲洗干净，沥干水分。
2. 锅入香油烧热，改文火，加入辣豆瓣酱爆香，盛出，凉凉，备用。原锅下蒜片、红辣椒圈、白糖、盐炒匀，倒入炒好的辣豆瓣酱翻炒，再加入黄瓜，炒至入味即可。

炒黄瓜酱

原料 嫩黄瓜200克，香菇50克，胡萝卜50克

调料 葱末、姜末、豆瓣酱、水淀粉、食用油、香油、盐各适量

做法

1. 黄瓜洗净，只用黄瓜尾端部分，切成方丁，加入盐拌匀，腌去水分。香菇用水泡好，切丁。胡萝卜洗净，切丁。
2. 锅入油烧热，下葱末、姜末、豆瓣酱炒出酱味，倒入黄瓜丁、香菇丁、盐翻炒，收汁，加少许水，勾芡，收汁，淋入香油，翻炒均匀即可。

蛋黄烧黄瓜

原料 嫩黄瓜300克，咸鸭蛋黄50克

调料 葱段、水淀粉、清汤、色拉油、熟鸡油、盐各适量

做法

1. 黄瓜洗净，切滚刀条。咸鸭蛋黄切丁。
2. 锅入油烧热，下入黄瓜块略炸，捞出，沥油。
3. 锅留底油，下入葱段炒香，取出葱段，再放入黄瓜条旺火翻炒，倒入清汤烧沸，调入盐，改文火烧至入味，用水淀粉勾芡，撒入咸蛋黄丁，淋入熟鸡油即可。

酱辣黄瓜 蔬菜

原料 黄瓜400克,干辣椒段10克

调料 辣椒酱、生抽、香油、白糖各适量

做法

1. 黄瓜洗净,去皮,切片,摆放入盘中。

2. 锅入油烧热,放入干辣椒段炸香,捞出。

3. 炸好的辣椒倒入碗中,加辣椒酱、生抽、白糖、香油调成味汁,浇在黄瓜片上即可。

黄瓜炒鸡蛋 蔬菜

原料 黄瓜200克,鸡蛋4个

调料 葱末、水淀粉、料酒、食用油、盐各适量

做法

1. 黄瓜洗净,去蒂,劈为两半,斜刀切成片。鸡蛋打散。

2. 炒锅入油烧热,放入蛋液炒熟捞出,备用。

3. 锅入油烧热,下入葱末炝锅,倒入黄瓜片、鸡蛋炒匀,烹入料酒,加少许水,调入盐,用水淀粉勾芡,出锅装盘即可。

滚龙丝瓜 蔬菜

原料 青嫩丝瓜500克,滑子菇100克

调料 水淀粉、香油、花生油、盐各适量

做法

1. 丝瓜洗净,切段,剖成兰花刀形。滑子菇洗净。

2. 锅入油烧至六成热,下丝瓜滑油,捞出。

3. 热锅留余油,加入滑子菇煸炒,倒入清水烧开,放入丝瓜,调入盐烧至入味,将丝瓜、滑子菇捞出,装入汤盘内。

4. 锅里汤汁用水淀粉勾薄芡,淋入香油,浇在丝瓜上即可。

香菇烧丝瓜 蔬菜

原料 丝瓜500克,水发香菇片15克

调料 鲜姜、水淀粉、香油、花生油、料酒、盐各适量

做法

1. 香菇片去根蒂,洗净。

2. 丝瓜洗净,切成片,用沸水稍烫,过凉。鲜姜去皮,剁成细末,用水泡上,取用其汁。

3. 炒锅入花生油烧热,放入姜末水、料酒、盐、香菇、丝瓜,用水淀粉勾芡,淋入香油,翻炒均匀即可。

凉拌茄子 蔬菜

原料 紫茄400克

调料 蒜泥、香菜末、生抽、辣椒油、白糖、盐各适量

做法

1. 紫茄洗净，切条，放入蒸锅中蒸熟，拿出凉凉，摆入盘中。

2. 小碗中加蒜泥、香菜末、生抽、盐、白糖、辣椒油调成味汁，浇在茄子上即可。

清蒸茄子 蔬菜

原料 长茄条500克，海米30克

调料 蒜末、青红椒末、香油、酱油、盐各适量

做法

1. 茄子切去两头，隔水蒸熟，再撕成粗条，切成7厘米长的段，装盘。

2. 海米、蒜末、青红椒末依次摆放在茄子上。

3. 把酱油、香油、盐放入碗中调成味汁，浇在茄子上即可。

蒜酱拌茄子 蔬菜

原料 鲜茄子400克

调料 姜末、蒜末、香菜、芝麻酱、香油、酱油、醋、白糖各适量

做法

1. 茄子洗净，摘去蒂，切片。香菜切段。

2. 蒸锅置火上，放入茄子蒸熟，取出凉凉。

3. 碗内倒入香油、姜末、酱油、白糖、醋、蒜末、芝麻酱、香菜段拌匀，浇在茄子上，盛盘即可。

蒜泥浇茄子 蔬菜

原料 茄子400克

调料 蒜末、辣椒油、香油、醋、酱油、盐各适量

做法

1. 茄子去皮，切块，放入蒸锅中蒸熟，拿出凉凉，摆入盘中。

2. 将蒜末、酱油、辣椒油、香油、盐、醋调成调味汁，浇在茄子上，拌匀即可。

蒜烤茄子 蔬菜

原料 茄子250克

调料 葱花、红油豆瓣、香油、青椒、红椒、白糖、盐各适量

做法

1. 青椒、红椒、茄子放在炭火上略烤，将青椒、红椒、茄子面上的一层皮去掉，用手分别撕成丝，待用。

2. 红油豆瓣、盐、香油、葱花、白糖调成汁备用。

3. 把撕好的茄子、青椒、红椒装入盘中，淋入调好的味汁即可。

川酱茄子 蔬菜

原料 茄子300克

调料 豆瓣酱、泡椒、水淀粉、白糖、色拉油各适量

做法

1. 茄子切成两半，皮面先剞十字花刀，放入油锅中炸至呈金黄色，捞出，备用。

2. 锅留油烧热，下入泡椒、豆瓣酱炒香，加少许白糖，倒入炸透的茄子一起翻炒入味，用水淀粉勾薄芡即可。

梅干菜烧茄子 蔬菜

原料 茄子300克，梅干菜50克，红尖椒20克

调料 姜丝、酱油、色拉油各适量

做法

1. 茄子切成长条，入热油中炸至软，捞出，沥油。梅干菜用水泡开，洗净，挤干水分。红尖椒洗净，切长条。

2. 锅入油烧热，爆姜丝，放入梅干菜翻炒至变软，再倒入茄子、红椒条，淋上酱油，加少量水，文火焖至入味，出锅即可。

豆豉茄丝 蔬菜

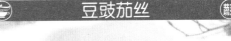

原料 嫩茄子300克，豆豉50克

调料 葱丝、姜丝、蒜泥、干尖辣椒、红辣椒丝、猪油、酱油、绍酒、白糖各适量

做法

1. 茄子去蒂，洗净，切成细丝。干尖辣椒切碎。

2. 锅入猪油烧至微热，放入切碎的辣椒，炸出红油，捞出，待用。

3. 将红油烧热，放豆豉、葱丝、姜丝、红辣椒丝炒出香味，倒入茄丝炒熟，烹绍酒、酱油，调入白糖、蒜泥、水，旺火收汁即可。

家常煎茄子

原料 茄子500克

调料 葱花、姜末、蒜末、红椒、豆瓣酱、红油、色拉油、香油、蚝油、白糖、盐各适量

做法

1. 茄子洗净，切成片，再切成梳子形。红椒洗净，切末备用。

2. 锅入色拉油烧热，放入茄子略煎，再加入姜末、蒜末、盐、蚝油、白糖、豆瓣酱、红椒末炒匀，淋入香油、红油，撒上葱花，出锅装盘即可。

鱼香茄排

原料 茄子350克

调料 葱花、姜末、泡辣椒碎、豆瓣酱、干淀粉、水淀粉、植物油、料酒、醋、酱油、白糖、盐各适量

做法

1. 茄子切两半，改刀成佛手状，拍上干淀粉，入热油锅炸透。

2. 将料酒、酱油、白糖、醋、盐调成鱼香汁。

3. 锅入油烧热，下入葱花、姜末、豆瓣酱、泡辣椒碎炒香，下入茄子，浇上鱼香汁，用水淀粉勾芡即可。

蚝油茄片

原料 茄子500克，面粉50克，鸡蛋1个

调料 葱末、蒜末、胡椒粉、鲜汤、蚝油、色拉油、白糖、盐各适量

做法

1. 鸡蛋打散。茄子去皮，切成圆片，撒上盐、胡椒粉拌匀，拍上面粉，拖上蛋液。

2. 锅入色拉油烧热，逐个放入茄片炸好，捞出，沥油。锅留底油烧热，爆香葱末、蒜末，倒入蚝油，加鲜汤、白糖调匀，浇在茄片上即可。

香煎茄子盒

原料 茄子片300克，猪肉馅150克，鸡蛋1个

调料 葱末、姜末、淀粉、面粉、花椒面、色拉油、香油、盐各适量

做法

1. 猪肉馅加酱油、盐、花椒面、葱姜末、香油拌匀。鸡蛋打散，加淀粉调成鸡蛋糊。

2. 将调好的肉馅放在一片圆茄片上面，另外一片圆茄片放在肉馅上，用手按一下，拍上面粉，做成煎茄饼生坯，挂上鸡蛋糊。锅入油烧热，放入茄饼，中火煎至两面呈金黄色即可。

麻辣海米冬瓜 蔬菜

原料 冬瓜500克，海米50克

调料 干辣椒、盐、香油各适量

做法

1. 冬瓜削去外皮，去瓤、籽，洗净，切成小片，加入盐腌渍片刻，入沸水锅中煮熟，捞出，沥干水分。海米泡软。

2. 炒锅入香油烧至七成热，放入干辣椒炸香，捞出干辣椒，将炸出的红油趁热淋在冬瓜片上，拌匀，撒上海米即可。

回锅冬瓜 蔬菜

原料 冬瓜300克，青、红辣椒各30克

调料 葱段、豆瓣酱、酱油、白糖、植物油、盐各适量

做法

1. 冬瓜洗净，去皮，切厚片。青、红辣椒分别洗净，切丝。豆瓣酱、酱油、白糖调成味料。

2. 锅中加水，放入冬瓜片煮软，捞出，沥干水分。

3. 锅入油烧至四成热，下入青、红椒丝、葱段炒出香味，再下味料炒约半分钟，倒入冬瓜片、盐炒匀，起锅装盘即可。

蒸素扣肉 蔬菜

原料 冬瓜750克，豆豉辣椒料45克

调料 葱花、红椒末、植物油、酱油、熟松子仁各适量

做法

1. 冬瓜去皮、去籽，切成大块，用酱油抹上色。

2. 锅入油烧至八成热，下入冬瓜炸至起虎皮、呈砖红色，出锅。

3. 将炸好的冬瓜像扣肉一样扣入蒸钵中，放入豆豉辣椒料，上蒸笼蒸20分钟，取出，扣入盘中，撒上葱花、红椒末、熟松子仁。

红油南瓜丝 蔬菜

原料 南瓜400克

调料 辣椒油、红辣椒丝、白糖、盐各适量

做法

1. 南瓜洗净，去皮，切成丝，放入沸水锅中烫熟，捞出冲凉，沥干水分。

2. 将南瓜丝放入盛器中，加盐、白糖、辣椒油、红辣椒丝拌匀即可。

香油南瓜丝 蔬菜

原料 嫩南瓜300克

调料 红椒、香油、盐各适量

做法

1. 嫩南瓜洗净，去皮，切成细丝。红椒洗净，切成细丝。

2. 净锅上火，倒入清水烧开，下南瓜丝氽水，捞起，凉凉待用。红椒丝氽水，凉凉。

3. 南瓜丝、红椒丝加入盐、香油拌匀，装盘即可。

麻辣南瓜 蔬菜

原料 嫩南瓜300克

调料 葱花、香油、花椒粉、红油辣椒、醋、酱油、白糖、盐各适量

做法

1. 嫩南瓜洗净，去皮，切成粗丝，加盐腌出水分。

2. 红油辣椒、盐、白糖、酱油、醋、花椒粉调匀，成麻辣味汁。

3. 净锅上火，放入清水烧沸，倒入南瓜丝煮至断生，捞入盆内拨散，撒少许香油拌匀凉凉，放入净盘内，拌上麻辣味汁，撒上葱花即可。

香焗南瓜 蔬菜

原料 老南瓜400克

调料 黄油、植物油、白糖、盐各适量

做法

1. 老南瓜去皮，洗净，切长条。

2. 锅入植物油烧热，放入南瓜条稍炸一下，捞出控油。

3. 砂锅烧热，放少许黄油，烧热后放入南瓜条，加入适量白糖和盐，焗至入味即可。

鱼香南瓜 蔬菜

原料 南瓜500克

调料 葱末、姜末、蒜末、泡红椒、水淀粉、酒酿、醋、酱油、白糖、植物油、盐各适量

做法

1. 南瓜洗净，去皮，去瓤，切成方条。酱油、盐、酒酿、醋、白糖、蒜末、水淀粉、清水放入碗内，调成鱼香芡汁。

2. 锅入油烧热，下入南瓜略炸，捞出。锅留底油，放入泡红椒、葱末、姜末炝锅，再放入南瓜条略炒，倒入鱼香芡汁炒匀即可。

干烧雪菜南瓜　蔬菜

原料 南瓜350克，肉粒100克，雪菜、冬笋、冬菇各50克

调料 葱末、姜末、蒜末、淀粉、植物油、醋、白糖、盐各适量

做法

1. 南瓜洗净，去皮，切成条。冬笋、冬菇切条。雪菜切粒。

2. 锅入油烧热，放入南瓜、冬笋、冬菇炸至表面呈金黄色，出锅。

3. 锅入油烧热，下入肉粒、雪菜粒、葱末、姜末、蒜末煸香，放入水、盐、白糖、淀粉、醋，放入南瓜条、冬笋条、冬菇条收汁即可。

紫芋栗子炒南瓜　蔬菜

原料 南瓜、板栗、紫芋各200克

调料 蒜末、植物油、酱油、白糖、盐各适量

做法

1. 南瓜洗净，去皮，切小块。板栗洗净。紫芋洗净，去皮，切块。

2. 将南瓜、板栗、紫芋放入微波炉中，高火3分钟，取出，凉凉。

3. 锅入油烧热，放入蒜末爆香，再入南瓜块、板栗、紫芋块翻炒至表面略上色，调入盐、酱油、白糖，加盖焖30分钟，出锅装盘即可。

砂锅老南瓜　蔬菜

原料 南瓜400克

调料 葱末、姜末、蒜末、蚝油、酱油、色拉油、白糖、盐各适量

做法

1. 南瓜洗净，去皮，切成粗条，放入热油中略炸，捞出沥油。

2. 砂锅留油烧热，放入葱末、姜末、蒜末爆香，倒入清水，调入蚝油、酱油、盐、白糖，待汤开锅，放入南瓜条，烧至汤汁浓稠，南瓜软糯即可。

豆瓣南瓜　蔬菜

原料 南瓜600克，蚕豆瓣50克

调料 葱花、水淀粉、鲜汤、色拉油、酱油、白糖、盐各适量

做法

1. 南瓜洗净，切块。

2. 净锅上火，加入色拉油烧至六成热，放入南瓜块略炸，捞出沥油。

3. 锅留底油，旺火烧热，下葱花爆香，再放入南瓜块、蚕豆瓣、鲜汤，加入酱油、盐、白糖烧至入味、软糯，用水淀粉勾芡即可。

拔丝南瓜

原料 南瓜300克，鸡蛋1个

调料 熟芝麻、面粉、淀粉、水淀粉、香油、白糖各适量

做法

1. 鸡蛋打散，加入面粉、水淀粉调成蛋糊。南瓜洗净，切成小块，放入沸水锅稍煮，捞出，凉凉，裹上淀粉，挂上蛋糊。

2. 锅入油烧热，放入南瓜块炸至呈淡黄色，捞出。

3. 净锅上火，放入清水、白糖炒至溶化，倒入炸好的南瓜，撒上熟芝麻拌匀，起锅放在抹有香油的盘内，放一碗清水，一起上桌即可。

糖醋南瓜丸

原料 南瓜500克，糯米粉50克

调料 水淀粉、色拉油、醋、白糖、盐各适量

做法

1. 南瓜洗净，去瓤皮，切块，上笼蒸熟，沥干水分，加入糯米粉、白糖、盐拌匀，做成面团状，挤成鹌鹑蛋大小的丸子。

2. 炒锅入色拉油烧热，放入挤好的丸子炸至呈金黄色，捞出。

3. 锅留少许油，倒入清水，加入白糖、盐，用水淀粉勾芡，淋入醋，倒入丸子，翻炒均匀，盛入盘内即可。

凉拌脆瓜丝

原料 脆瓜300克，熟鸡脯肉100克

调料 香油、白糖、盐各适量

做法

1. 脆瓜洗净，去皮，切成丝，入沸水锅中焯熟，捞出，冲凉，沥干水分。熟鸡脯肉撕成丝。

2. 将脆瓜丝、鸡脯肉丝放入盛器中，加盐、白糖、香油调味，拌匀即可。

柠汁青瓜

原料 黄瓜200克

调料 柠檬汁、醋、白糖、盐各适量

做法

1. 黄瓜洗净，去心，改刀切成粗条，待用。

2. 黄瓜条加水、盐、醋、白糖、柠檬汁泡制2小时，捞起装盘即可。

泡仔姜

蔬菜

原料 仔姜500克

调料 冰糖、辣椒油、醋、盐各适量

做法

1. 仔姜洗净，用刀轻轻拍一下，加盐腌渍，冲洗盐味，攥干水分。

2. 锅入醋、冰糖加热，使冰糖溶化，盛入一个可密封的容器，凉凉待用。

3. 将仔姜放入容器中浸泡一天，淋上辣椒油，拌匀即可。

酒醉辣椒

蔬菜

原料 红辣椒400克

调料 生姜、蒜、白酒、白糖、盐各适量

做法

1. 红辣椒洗净，切成小斜刀片，装入小搪瓷盆中。

2. 生姜用清水洗净，切成小片。蒜去皮捣烂，一同放入辣椒盆内，备用。

3. 碗中放入盐、白糖、白酒拌匀，倒入辣椒盆内，稍拌后压实，盖严，腌渍6天，取出即可。

冰醋麻酱四季豆

蔬菜

原料 四季豆250克

调料 醋、白糖、水、盐、麻酱、生抽各适量

做法

1. 四季豆洗净，去头尾及老筋，入沸水锅中焯透，捞出沥干，均匀地撒上盐，2小时翻动一次，腌1天，备用。

2. 将四季豆洗净，冲水10分钟，沥干。麻酱加生抽、水调稀。

3. 将四季豆、醋、白糖拌匀，放冰箱腌4天。取适量四季豆切段，装盘，淋上调好的麻酱即可。

麻辣四季豆

蔬菜

原料 四季豆350克

调料 蒜末、橄榄菜、花椒、干辣椒、花椒粉、生抽、盐各适量

做法

1. 四季豆择去两头老茎，洗净，掐成段，备用。

2. 锅中放少许油，放入花椒、干辣椒段、蒜末文火煸出香味，倒入四季豆，旺火炒干水分，淋入生抽、盐，撒适量花椒粉、橄榄菜，翻炒均匀，出锅即可。

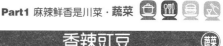

榄菜四季豆 蔬菜

原料 四季豆800克，瓶装橄榄菜200克，红尖椒圈25克

调料 蒜末、绍酒、香油、食用油、盐各适量

做法

1. 四季豆去筋，洗净，切段。锅入油烧至八成热，放入四季豆炒至九分熟，盛出。

2. 锅入底油烧至六成热，下入蒜末煸炒出香味，放入橄榄菜炒匀，倒入红尖椒圈略炒，烹入绍酒，放入四季豆烧熟，调入盐，淋入香油，出锅装盘即可。

香辣豇豆 蔬菜

原料 豇豆400克

调料 姜丝、食用油、干辣椒丝、香油、盐各适量

做法

1. 豇豆择洗干净，切成段，入沸水锅中煮熟，捞出冲凉，沥干水分，备用。

2. 豇豆段放入盛器中，放上干辣椒丝、姜丝，烧适量热油浇在辣椒丝和姜丝上，烹出辣香味，最后加入盐、香油调味，拌匀即可。

芥末扁豆丝 蔬菜

原料 扁豆300克

调料 芥末、香油、酱油、白糖、盐各适量

做法

1. 扁豆择洗干净，入沸水锅中焯熟，捞出，沥干水分，凉凉，切成丝，备用。

2. 将扁豆丝放入盆内，加入芥末、盐、白糖、香油、酱油拌匀，装盘即可。

姜汁扁豆 蔬菜

原料 鲜嫩扁豆500克

调料 姜末、醋、酱油各适量

做法

1. 扁豆择洗干净，切丝，用沸水煮熟，捞在盘中，沥干水分，凉凉待用。

2. 姜末、醋、酱油调匀成味汁，浇在扁豆上拌匀，装盘即可。

腐竹烧扁豆 蔬菜

原料 扁豆段300克，泡发腐竹段100克，香菇丁、牛肉末、胡萝卜丁各50克

调料 调料A（葱末、姜末、蒜末）、水淀粉、食用油、香油、酱油、调料B（料酒、胡椒粉、蚝油、白糖、盐）各适量

做法

1. 扁豆段洗净。牛肉末加盐、酱油、料酒、香油拌匀，腌渍片刻。

2. 锅入油烧热，放入牛肉末炒至变色，加入调料A，倒入香菇丁、腐竹段、胡萝卜丁、扁豆翻炒，调料B料调味，水淀粉勾芡，炒匀即可。

酸菜蚕豆瓣 蔬菜

原料 蚕豆瓣200克，酸白菜100克

调料 胡椒、盐、食用油、鲜汤各适量

做法

1. 蚕豆瓣用清水洗净，待用。

2. 酸白菜改刀切片，入炒锅中炒香，加入鲜汤熬制出酸味。

3. 锅入清水，放入蚕豆瓣煮熟，加入盐、胡椒调味，捞出，装盘，放入酸白菜片拌匀即可。

凉拌腐竹 蔬菜

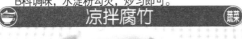

原料 腐竹250克，黄瓜100克

调料 蒜末、香油、醋、白糖、盐各适量

做法

1. 黄瓜洗净，切成片，加盐拌匀，腌渍15分钟，沥干水分。

2. 腐竹用清水泡发，入沸水锅中余烫，凉水过凉，捞出，沥干水分，切成小段。

3. 将黄瓜、腐竹装入盘中，调入盐、蒜末、醋、白糖、香油拌匀，装盘即可。

芹黄拌腐竹 蔬菜

原料 芹菜300克，水发腐竹200克

调料 香油、酱油、盐各适量

做法

1. 芹菜洗净，切成段，放入沸水锅内焯水，冷水冲凉，捞出，沥干水分，装入盘内。

2. 将腐竹切丝，放在芹菜上，加入酱油、盐调味，淋入香油，拌匀即可。

鲜蘑炝腐竹 蔬菜

原料 水发腐竹200克，鲜菇150克，黄瓜100克

调料 香油、盐各适量

做法

1. 腐竹洗净，切成小段。鲜菇去杂洗净，切片。黄瓜洗净，切成菱形片。

2. 腐竹段、黄瓜片、鲜菇片分别入沸水锅焯透，捞出，沥干水分。

3. 将腐竹段、黄瓜片、鲜菇片装入盘中，调入盐，淋入香油，拌匀即可。

腐竹炒白果 蔬菜

原料 腐竹、黄瓜各200克，水发木耳、白果、五花肉各75克

调料 葱花、植物油、料酒、酱油、白糖、盐各适量

做法

1. 木耳泡发，洗净，撕成片。腐竹泡发，洗净，切长段。五花肉洗净，切片。黄瓜洗净，切片。

2. 锅入油烧热，放入肉片炒至变色，放入葱花炒香，下入腐竹段、木耳片、白果炒散，调入盐、料酒、白糖、酱油，放入黄瓜片炒匀即可。

什菌烧腐竹 蔬菜

原料 泡发腐竹段、蘑菇片各200克，竹笋片、水发木耳、黄瓜各100克

调料 蒜末、胡椒粉、清汤、淀粉、香油、植物油、醋、白糖各适量

做法

1. 蘑菇片、竹笋片、泡发腐竹段，洗净，焯水。水发木耳撕成小朵洗净。黄瓜片洗净。

2. 锅入油烧热，放蒜末炝锅，放蘑菇翻炒至变色，放入腐竹、竹笋，加少许清汤，下入木耳，调入生抽、醋、胡椒粉、淀粉、白糖，收汁，下黄瓜片炒匀，淋香油即可。

炝豆芽菜 蔬菜

原料 豆芽菜250克

调料 花椒、干红辣椒、植物油、盐各适量

做法

1. 豆芽菜放入清水中略泡，捞出，沥干水分。

2. 锅入油烧热，放入干辣椒丝、花椒炒出香味，放入豆芽菜，调入盐，稍炒即可。

怪味豆芽菜　　蔬菜

原料 绿豆芽200克

调料 蒜泥、香菜末、花椒面、辣椒油、酱油、醋、芝麻酱、香油、白糖、盐各适量

做法

1. 绿豆芽掐去尾梢，洗净，撒入盐，腌渍5分钟，沥干水分。

2. 将芝麻酱、酱油、醋、香油、辣椒油、花椒面、白糖、蒜泥调成味汁，倒入绿豆芽拌匀，撒上香菜末即可。

蒜泥贡菜　　蔬菜

原料 贡菜300克

调料 蒜泥、酱油、香油、净辣椒油、白糖、盐各适量

做法

1. 贡菜用清水浸泡，再放入水锅中煮至断生，捞出，切成长段。

2. 酱油、盐、白糖先调匀成咸鲜微甜味，再加入净辣椒油、香油、蒜泥调匀，成蒜泥味汁。

3. 贡菜摆放盘内，淋上蒜泥味汁即可。

酸辣贡菜　　蔬菜

原料 水发贡菜300克

调料 葱油、野山椒水、泡菜水、盐各适量

做法

1. 贡菜洗净，改刀成段，放入沸水锅中余水，捞起凉凉，待用。

2. 用泡菜水、野山椒水、盐调成酸辣味汁，倒入贡菜中浸泡20分钟，淋入葱油装盘即可。

凉拌苦菊　　蔬菜

原料 苦菊300克，红灯笼萝卜100克

调料 香油、盐各适量

做法

1. 苦菊择洗干净，切成长段。灯笼萝卜洗净，切成片。

2. 将苦菊段、灯笼萝卜片放盛器中，加盐、香油调拌均匀，装入盘中即可。

红油豆干雪菜

原料 雪里蕻300克，豆腐干100克

调料 红辣椒、香油、醋、白糖、盐各适量

做法

1. 雪里蕻洗净，放入沸水中汆烫，捞出，沥干水分，切成细末。

2. 豆腐干洗净，切丁。红辣椒洗净，去蒂，切末。

3. 雪里蕻装入盘中，加入豆腐干、盐、白糖、醋、红辣椒末，淋上香油拌匀即可。

蜂窝玉米粒

原料 松子仁30克，玉米粒200克，豌豆50克，胡萝卜50克

调料 葱花、姜末、色拉油、盐各适量

做法

1. 松子仁洗净，入热油锅过油、炸熟。玉米粒、豌豆分别洗净。

2. 胡萝卜洗净，切粒，入沸水锅中焯熟。

3. 锅入油烧热，放入葱花、姜末、豌豆、胡萝卜粒、玉米粒煸炒，再加入松子仁翻炒片刻，加盐调味，出锅即可。

黄豆拌雪里蕻

原料 雪里蕻300克，黄豆100克

调料 蒜末、干辣椒段、辣椒油、香油、盐各适量

做法

1. 雪里蕻去除老叶、老根，切成黄豆粒大小的丁，入沸水锅中焯烫，捞出，冷水冲凉，沥干水分。

2. 黄豆入沸水锅煮熟，捞出，冷水冲凉，备用。

3. 将黄豆、雪里蕻放入碗中，调入盐，淋上香油、辣椒油，撒上蒜末、干辣椒段拌匀，即可食用。

蜂窝玉米烙

原料 玉米粒200克，荸荠100克，鸡蛋2个

调料 栗粉、吉士粉、色拉油、柠檬汁各适量

做法

1. 鸡蛋打散，加入栗粉、吉士粉、柠檬汁、清水拌匀，加入玉米粒，制成玉米面糊。荸荠剥皮，洗净，切成小块。

2. 锅入色拉油烧热，沿锅边画圈式倒入玉米面糊，文火煎炸约2分钟，玉米面糊烙成蜂窝状，改旺火煎炸至呈金黄色，捞出沥油即可。

椒盐拌花生米 蔬菜

原料 花生米300克

调料 花椒粉、芝麻、花生油、盐各适量

做法

1. 花生米拣净杂质。

2. 炒锅入花生油烧热，倒入花生米，文火边炸边炒搅，炸至呈橙黄色，捞出，沥油，装入盘中，撒上盐、花椒粉、芝麻拌匀即可。

薹条花生 蔬菜

原料 花生米200克，蒜薹条50克

调料 精炼油、白糖、盐各适量

做法

1. 蒜薹条清洗干净，备用。

2. 锅入油烧热，放入花生米炸酥，捞起凉凉，去皮待用。蒜薹条入热油锅中炸酥，捞出。

3. 碗内加盐、白糖调匀，再放入花生米、蒜薹条拌匀，装盘即可。

泡菜炒粉条 蔬菜

原料 泡菜300克，粉条50克

调料 葱花、红椒、食用油各适量

做法

1. 粉条用热水泡软，冷水冲凉，沥干水分。泡菜切粗丝。红椒洗净，切丝。

2. 锅入油烧热，放入葱花爆锅，下泡菜翻炒出香味，再放入粉条、红椒丝翻炒片刻，加少许水略煮，收汁，出锅。

酸辣炒粉条 蔬菜

原料 水发粉条300克，青椒丁、红椒丁各30克，油酥花生碎20克

调料 葱末、姜末、蒜末、香菜末、川味辣酱、食用油、辣椒油、醋、酱油、白糖、盐各适量

做法

1. 水发粉条洗净，切成长段，备用。

2. 锅入油烧热，放入葱末、姜末、蒜末、川味辣酱、醋、青椒丁、红椒丁爆香，倒入清水、酱油、盐、白糖烧开，放入粉条，收汁，淋入辣椒油翻匀，撒香菜末、油酥花生碎，出锅即可。

双耳爆草虾 菌类

原料 水发黑木耳、水发银耳、草虾、芥蓝片各150克

调料 葱末、姜末、葱油、淀粉、水淀粉、盐各适量

做法

1. 草虾洗净，去虾线，加盐腌渍10分钟，冲净。黑木耳、银耳去根洗净，撕小朵，焯透，捞出。虾用面棍轻敲，拍上淀粉，放入沸水中焯熟，捞出，沥干水分。

2. 锅入葱油烧热，放入葱末、姜末炒香，再下入芥蓝片、虾、黑木耳、银耳炒匀，调入盐，用水淀粉勾薄芡，出锅装盘即可。

木耳炒黄瓜 菌类

原料 黑木耳300克，黄瓜150克

调料 葱末、姜末、蒜末、尖椒、水淀粉、色拉油、香油、盐、白糖各适量

做法

1. 黄瓜去皮、去籽，切段。木耳泡发，撕块。尖椒洗净，切圈。

2. 锅入油烧热，放入葱末、姜末、蒜末炒出香味，倒入木耳、黄瓜、尖椒圈，加入盐、白糖翻炒，用水淀粉勾芡，淋入香油，出锅即可。

杞子白果炒木耳 菌类

原料 木耳200克，白果200克

调料 葱末、姜末、枸杞、红椒圈、胡椒粉、色拉油、盐各适量

做法

1. 木耳、白果分别洗净，入沸水锅中焯水，捞出，沥干水分备用。

2. 锅入油烧热，放入葱末、姜末煸香，再放木耳、白果、红椒圈、枸杞翻炒，加盐、胡椒粉调味，出锅装盘即可。

椒香木耳 菌类

原料 香菇100克，黑木耳200克

调料 蒜末、红辣椒、辣椒粉、白糖、色拉油、盐各适量

做法

1. 香菇去蒂，洗净，入沸水锅焯烫，捞出，冷水过凉。红辣椒洗净，去蒂、籽，切菱形片。黑木耳泡发，洗净，撕片。

2. 锅入油烧热，放入蒜末、红辣椒片爆香，加入木耳、香菇煸炒几下，调入盐、白糖、辣椒粉炒熟即可。

香菇冬笋

原料 鲜香菇200克，冬笋200克，青椒丁20克

调料 葱末、姜末、川味辣酱、料酒、辣椒油、植物油、水淀粉、白糖、盐各适量

做法

1. 鲜香菇洗净，切丁。冬笋洗净，切丁。

2. 将香菇丁、冬笋丁分别放入沸水锅中焯水，捞出，沥干水分。

3. 锅入油烧热，放入葱末、姜末、川味辣酱爆香，加入料酒、盐、白糖调味，放入青椒丁、香菇丁、冬笋丁，旺火翻炒，收汁，用水淀粉勾芡，淋入辣椒油翻匀，出锅即可。

炝拌金针菇

原料 金针菇罐头200克

调料 葱丝、干红辣椒、香油、酱油、植物油、盐各适量

做法

1. 金针菇取出，切段，放入沸水中焯水，捞出，凉凉。将葱丝、金针菇一同放入盘中。

2. 锅入油烧热，放入干红辣椒炸至呈深褐色，捞出，剁成细末，调入香油、盐、酱油拌匀，浇在金针菇上，搅拌均匀即可。

提示 金针菇焯水的时间不宜过长，应根据水量和金针菇的量而定。

三丝烩鸡丝

原料 熟鸡肉150克，金针菇100克，冬菇50克，木耳50克

调料 葱花、四川豆瓣酱、清汤、植物油、盐各适量

做法

1. 金针菇、木耳、冬菇用清水泡发，择洗干净。

2. 冬菇切成丝。鸡肉用手撕成丝。木耳撕小朵。

3. 锅入油烧热，放入豆瓣酱炒至出红油，加入葱花爆香，倒入清汤，将渣子捞出，下入金针菇、冬菇丝、木耳，文火烧开，再放入鸡丝煮至熟透，撒上葱花，加入盐调味即可。

茶树菇烧豆笋 （菌类）

原料 干茶树菇200克，水发豆笋150克

调料 姜丝、蒜末、青椒丝、红椒丝、永丰辣酱、辣妹子辣酱、鲜汤、水淀粉、香油、红油、猪油、蚝油、盐各适量

做法

1. 干茶树菇去蒂，用温水泡发，洗净，沥干水分，切段。水发豆笋洗净，切段。

2. 锅入猪油烧热，放入姜丝、茶树菇翻炒，下入豆笋，调入盐、永丰辣酱、辣妹子辣酱、蚝油炒至味，倒入鲜汤烧焖，待汤汁稍收干，撒上蒜末、红椒丝、青椒丝炒匀，用水淀粉勾芡，淋入红油、香油，出锅装盘即可。

血旺茶树菇 （菌类）

原料 肥肠200克，猪血100克，茶树菇300克

调料 葱花、姜末、蒜末、干辣椒、火锅底料、植物油、辣椒酱各适量

做法

1. 肥肠洗净，放入清水锅中，加葱花、姜末焯水。

2. 猪血洗净，切块。

3. 锅入油烧热，放入葱花、姜末、蒜末爆香，再放入干辣椒炒出香味，倒入火锅底料、辣椒酱煸炒出香味，放入肥肠，加清水烧开，文火慢烧，待肥肠烧至软烂，放入茶树菇、猪血煮至熟透，出锅即可。

肉焖平菌 （菌类）

原料 平菌菇150克，五花肉100克

调料 蒜瓣、胡椒粉、葱花、水淀粉、鲜汤、植物油、酱油、盐各适量

做法

1. 五花肉洗净，切片，加水淀粉、盐码味上浆。平菌菇洗净，撕成大片。

2. 锅入油烧热，下入蒜瓣煸炒，再放入肉片炒散，加酱油、鲜汤、平菌菇、胡椒粉、盐加盖焖约4分钟，开盖加水淀粉勾芡，撒上葱花，出锅即可。

青椒拌豆干

原料 青椒300克,香菜、豆腐干各50克

调料 葱白、芝麻酱、甜面酱、香油、盐各适量

做法

1. 青椒去蒂、籽,洗净,切成块。香菜择洗干净,切成段。葱白洗净,切成丝。豆腐干洗净,切条。

2. 将青椒块、香菜段、豆腐干条、葱丝拌匀,加入芝麻酱、甜面酱、盐调味,再淋上香油,拌匀即可。

豌豆凉粉

原料 豌豆凉粉400克

调料 蒜泥、香菜末、辣椒油、花椒末、蚝油、白糖、盐各适量

做法

1. 豌豆凉粉切成小方块,放入容器中。

2. 蒜泥、香菜末、花椒末、蚝油、白糖、盐、辣椒油调成味汁,浇在凉粉上即可。

豆腐穿黄瓜

原料 黄瓜300克,豆腐100克

调料 胡椒粉、猪油、盐各适量

做法

1. 黄瓜洗净,从两端的孔掏出瓜瓤,入沸水锅中焯透,捞出,沥干水分。

2. 将豆腐、猪油、盐、胡椒粉搅成馅,灌入黄瓜内心,上笼蒸熟,取出凉凉,切成金钱块,摆入盘中即可。

莲白豆腐卷

原料 豆腐、莲白各200克,鲜笋蓉、蛋清各50克

调料 胡椒粉、干淀粉、植物油、盐各适量

做法

1. 莲白洗净,用布挤干水分。豆腐成蓉,加干淀粉、鲜笋蓉、胡椒粉搅匀。淀粉加蛋清,调成蛋清糊备用。

2. 将莲白放上豆腐蓉,由里向外裹成圆条,用蛋清糊粘口,上笼蒸熟,取出,再裹上干淀粉。

3. 锅入油烧热,放入莲白卷炸至呈金黄色,捞出,撒上盐即可。

毛豆蒸香干

原料 香干、毛豆、红尖椒各100克

调料 花生油、生抽、盐各适量

做法

1. 香干洗净，切丁。

2. 毛豆洗净，沥干水待用。

3. 红尖椒洗净，切圈。

4. 锅入油烧热，下入香干、毛豆略炸，捞出，沥油，倒入碗中，加盐、生抽、花生油拌匀，撒上红椒圈，入笼蒸熟即可。

炒素肉丝

原料 水发腐竹300克，韭菜50克，鸡蛋1个

调料 葱丝、姜末、鲜汤、淀粉、水淀粉、植物油、酱油、盐各适量

做法

1. 腐竹切成丝。将鸡蛋打入碗内，加淀粉、酱油搅拌，放入腐竹丝调匀。韭菜择洗净，切长段备用。

2. 锅入油烧至六成热，下入腐竹丝略炸，捞出。

3. 锅留底油，下入葱丝、姜末炝锅，倒入韭菜、腐竹丝煸炒，调入盐、酱油、鲜汤，用水淀粉勾芡，淋明油出锅即可。

辣子香干

原料 五香豆腐干200克，花生仁、红椒丁、鸡蛋清各50克

调料 葱末、姜末、豆瓣辣酱、水淀粉、猪油、酱油、料酒、白糖各适量

做法

1. 五香豆腐干洗净，切成方丁，用酱油、蛋清、水淀粉上浆。锅入猪油烧热，放入豆干丁略炸，捞出，沥油。

2. 锅留油烧热，下红椒丁、葱末、姜末、豆瓣辣酱炒香，加料酒、酱油、白糖调味，用水淀粉勾芡，放入花生仁、五香豆腐干丁炒匀即可。

红油香干煲

原料 面筋200克，花生米20克

调料 葱花、姜片、桂皮、香叶、八角、精炼油、老抽、生抽、盐各适量

做法

1. 面筋改成块，氽水后，沥干水分，入热油锅中炸干，待用。

2. 锅入精炼油烧热，下桂皮、八角、香叶、葱花、姜片略炒，倒入清水烧沸，再加入生抽、老抽、盐调味，下面筋收干汁水，撒上花生米即可。

泡椒雪豆
豆制品

原料 雪豆200克，面粉100克，鸡蛋1个

调料 蒜末、泡椒末、野山椒末、精炼油、辣椒油、盐各适量

做法

1. 鸡蛋中加入面粉调成蛋糊。雪豆用清水浸泡，泡胀，上笼蒸熟，取出，凉凉，裹上蛋糊，入热油锅炸至呈金黄色，捞出。

2. 泡椒末、野山椒末、盐、蒜末、辣椒油调匀，倒入雪豆拌匀，装盘即可。

腐竹炒肉
豆制品

原料 水发腐竹300克，五花肉200克

调料 姜片、生抽、白糖、植物油、盐各适量

做法

1. 水发腐竹洗净，切段。五花肉用沸水稍煮，洗净，切成块。

2. 锅入油烧热，下白糖炒至溶化变色，倒入五花肉、姜片翻炒至肉块挂上糖色，加入腐竹继续翻炒，再加清水、生抽，旺火烧开，改文火焖至汤汁较浓，肉酥烂，调入盐，焖至腐竹变软入味，揭盖翻炒，收汁即可。

甜辣豆腐
豆制品

原料 豆腐300克，五花肉150克，泡发香菇片50克，青菜段100克

调料 葱末、姜片、蒜片、豆瓣酱、甜面酱、胡椒粉、高汤、淀粉、油、酱油、料酒各适量

做法

1. 豆腐切块，入油锅炸至金黄色，捞出，沥油。香菇片洗净。五花肉洗净，切片。青菜洗净。

2. 另起锅，入五花肉、葱姜蒜片、豆瓣酱、甜面酱炒香，倒入高汤、豆腐、香菇、胡椒粉、料酒、酱油、青菜炒热，勾芡即可。

家常烧豆腐
豆制品

原料 豆腐500克，猪肉片125克，木耳、笋片、青椒片各50克

调料 豆瓣酱末、淀粉、清汤、植物油、酱油、料酒各适量

做法

1. 豆腐切成厚片。猪肉片、青椒片分别洗净。

2. 锅入油烧六成热，将豆腐煎至黄色，铲出。

3. 另起锅，下入猪肉片炒香，倒入豆瓣酱炒至呈红色，加清汤、木耳、笋片、豆腐、酱油、料酒，微火，烧至回软，加青椒炒匀，水淀粉勾芡即可。

辣椒蒸豆腐

原料 豆腐300克，红辣椒100克

调料 葱花、蒜末、干辣椒段、豆豉、食用油、酱油、白糖、盐各适量

做法

1. 豆腐切成小块，放入热油中炸黄捞出。

2. 红辣椒洗净，去籽、蒂，切丁，备用。

3. 锅入油烧热，炒香蒜末、红辣椒丁、干辣椒段、豆豉，加入酱油、白糖、盐炒匀，关火，倒入炸过的豆腐拌匀，装盘，放入蒸锅中蒸5分钟，取出，撒上葱花即可。

肉米豆花

原料 内酯豆腐200克，猪肉末、虾仁、青豆各100克

调料 葱末、水淀粉、植物油、香油、鲜汤、料酒、白糖、盐各适量

做法

1. 内酯豆腐切块，入沸水中焯透，捞出备用。

2. 将虾仁洗净，入沸水中余烫片刻，捞出备用。

3. 锅入油烧热，放入猪肉末、葱末炒香，加青豆、虾仁略炒，倒入料酒、盐、白糖、鲜汤烧沸，水淀粉勾芡，浇在豆腐上，淋香油即可。

海米炒豆腐

原料 嫩豆腐200克，海米100克

调料 蒜末、豆豉、盐水、花椒末、水淀粉、植物油、辣椒末、醋各适量

做法

1. 嫩豆腐切粒，放入盐水中泡10分钟去豆味。海米用清水泡2个小时，加醋，入热水稍煮。

2. 锅入油烧热，下入花椒末、辣椒末、蒜末、豆豉，加豆腐、海米烧入味，加入水淀粉勾芡，撒上蒜末即可。

麻婆豆腐

原料 豆腐250克，牛肉75克，青蒜苗丁15克，豆豉15克

调料 肉汤、辣椒粉、花椒面、水淀粉、植物油、酱油、盐各适量

做法

1. 豆腐切成方块，放入沸水中浸泡1分钟，捞出，沥干。牛肉洗净，切成末。青蒜苗洗净。

2. 油锅烧热，下牛肉末炒至黄色，加盐、豆豉炒匀，再放辣椒粉炒出辣味，倒入肉汤、豆腐炖3分钟，加酱油，勾芡，撒上花椒面、蒜苗丁即可。

双色花卷 🍚

原料 面粉500克，酵面50克

调料 菠菜汁适量

做法

1. 面粉分两份放在案板上，中间扒个窝，放入酵面、清水，揉成白面团。取1/2面团加菠菜汁揉匀，制成菠菜汁面团。

2. 将菠菜汁面团、白面团分别擀成薄片，再将菠菜汁面皮置于白面皮之上。双色面皮用刀先切一连刀，再切段。

3. 将面团扭成螺旋形，将扭好的面团绕圈，打结后即成生坯，饧发10分钟，上蒸笼蒸熟即可。

红枣油花 🍚

原料 面粉500克，酵面50克，红枣100克

调料 苏打粉、蜜玫瑰、熟猪油、猪板油、白糖各适量

做法

1. 面粉放案板上，中间扒个窝，放入酵面、清水，揉成面团，盖上湿布，饧发20分钟，放入苏打粉、熟猪油、白糖揉匀。

2. 猪板油去筋膜，剁成泥。蜜玫瑰洗净，剁细。红枣洗净，去核，剁成泥。用这三样制成馅料。

3. 将面团揉成长圆条，按扁，擀成长方形面皮，抹上一层拌好的馅料，从外向内卷成圆卷，搓长，按扁，切成面剂。每个面剂顺丝拉长，叠三层，入笼蒸约15分钟至熟，取出即可。

海棠花卷 🍚

原料 精面粉500克，酵面50克

调料 苏打粉、食用红色素、熟猪油、白糖各适量

做法

1. 面粉加水、酵面揉成面团，饧发2小时，加入苏打粉、白糖揉匀，取1/3的面团加入食用红色素揉匀。

2. 饧好的白面团搓成圆条，按扁，把粉红色面团成等大的面皮，红面皮叠放在白面皮上，微擀，抹油，由长方形窄的两边向中间对卷。在两个卷合拢处抹少许清水，翻面搓长，成圆条，用刀切成20个面段，立放在案板上。

3. 笼内擦少许油，将面段入蒸笼蒸15分钟即可。

（原料）面粉500克，酵面50克，熟猪油50克

（调料）苏打粉、白糖各适量

（做法）

1. 面粉放案板上，中间扒个窝，加入酵面、清水、白糖，揉成面团，饧发20分钟，加入苏打粉、熟猪油揉匀，饧发约10分钟。

2. 将饧好的面团搓揉成长圆条，按扁，用擀面杖擀成长方形面皮，刷一层熟猪油，由长方形的窄边向中间对卷成两个圆筒。在合拢处抹清水少许，翻面，搓成圆条，用刀切成面段，立放在案板上。

3. 笼内抹油，将面段立放在笼内，蒸约15分钟至熟即可。

如意花卷

艾蒿饽饽

韩包子

（原料）糯米300克，大米200克，艾蒿50克

（调料）草碱、菜籽油、红砂糖、白糖各适量

（做法）

1. 两种米浸泡12小时洗净，加清水磨成稀浆，装入布袋吊干水分，取出放入盆内揉匀，用手扯成块，入笼蒸熟。

2. 艾蒿去根洗净，用沸水煮一下，捞出挤干水分，倒入石臼里，用力捶成蓉，加入少许水，至艾蒿涨发吸干水分后，放入红砂糖，用木棍搅匀成糊状，放入蒸熟的米粉，加白糖揉匀。揉匀的艾蒿粉团装入方形的框内，按在案板上抹平，凉凉后取出，切成所需的形状。

3. 锅入油烧热，将艾蒿饽饽煎至两面皮脆熟透即可。

（原料）特级面粉450克，老酵面50克，半肥瘦猪肉400克，鲜虾仁150克

（调料）胡椒末、小苏打、鸡汁、猪油、酱油、白糖、盐各适量

（做法）

1. 面粉中加入酵面、清水发酵，加入小苏打揉匀，再加入白糖、猪油揉匀，用湿布盖好静置约20分钟待用。

2. 猪肉洗净，切丁。鲜虾仁洗净，剁细，与肉丁一起，加盐、酱油、胡椒末、鸡汁拌匀成馅。

3. 将面团搓条，切段，擀成皮，包入馅心，捏成细皱纹，围住馅心，馅心上部裸露其外，置于笼中。用旺火沸水蒸约15分钟即熟。

传统蒸水饺

原料 饺子皮250克，猪肉馅250克

调料 葱花、姜汁、蒜泥、花椒水、红油、红辣椒圈、熟白芝麻、胡椒粉、香油、酱油、盐各适量

做法

1. 猪肉馅加姜汁、盐、水、胡椒粉、花椒水、酱油，搅拌上劲至呈黏稠状为止。

2. 取饺子皮，包入猪肉馅，制成饺子生坯，放入蒸锅中蒸熟，取出，放入盘中。

3. 用蒜泥、胡椒粉、红油、红辣椒圈、熟白芝麻、酱油、香油调成味汁，淋在蒸好的饺子上，撒上葱花即可。

白面锅盔

原料 面粉1000克，老酵面100克

调料 小苏打粉、熟猪油、熟菜籽油各适量

做法

1. 面粉放在案板上，中间扒个窝，加入酵面、清水揉匀，用湿布盖好，待发酵后，加入小苏打粉揉匀，搓成长条，摘成剂子。

2. 每个剂子分别揉，用很少一点面粘熟猪油包入面剂内搓成圆团，按扁，用擀面杖擀成圆饼，即成锅盔生坯。

3. 鏊子上炉，烧至七成热，抹一遍熟菜籽油，放上生坯，用手来回转动，烙至皮硬、略起芝麻点时，放入炉内烘烤至熟即可。

四川薄饼

原料 面粉、掐菜各200克，水发豌豆粉丝100克

调料 葱花、芥末糊、红油、色拉油、香油、醋、酱油、川盐各适量

做法

1. 面粉加清水和少许川盐，调匀成有一定筋力的稠糊状。用平底锅烙成直径约15厘米的圆形薄饼，逐一按此法制作完毕待用。

2. 掐菜洗净焯水捞出，沥干水分，与粉丝、川盐、酱油、香油、葱花、红油拌均匀。

3. 配上备好的薄饼、芥末糊、醋一同上桌。由客人自取饼，抹芥末糊，挟拌菜，浇醋而食。

牌坊面

原料 韭菜叶面条500克，肥瘦肉、鸡腿菇、水发冬笋、火腿、金钩各20克

调料 胡椒粉、高汤、湿豆粉、豆油、熟猪油、菜籽油、料酒、川盐各适量

做法

1. 鸡腿菇、水发冬笋分别洗净，切丝。金钩切碎。肥瘦肉洗净，切丝。熟火腿切丝。

2. 锅入油烧热，划散肥瘦肉丝，加料酒、川盐、豆油、胡椒粉上色，下入高汤、冬笋丝、金钩焖入味，加湿豆粉勾成二流芡，即成臊子。面条入沸水锅煮熟，捞入放有豆油、胡椒粉、熟猪油、高汤的碗内，浇上臊子即可。

铜井巷素面

原料 圆形细面条500克，鲜菜（豆尖）50克，蒜泥10克

调料 葱花、芝麻酱、花椒粉、红油辣椒碎、红酱油、盐各适量

做法

1. 红酱油、芝麻酱、花椒粉、红油辣椒碎、盐、蒜泥调成味汁。

2. 锅入水烧沸，放入面条煮熟，将面条沥干水分捞出，挑入碗中。在挑面条前，将豆尖放锅内烫热，随面条一起装入碗中，浇上味汁，撒上葱花即可。

川式担担面

原料 银丝面300克，豌豆尖100克

调料 葱花、葱蒜末、芽菜末、花椒粉、辣椒油、香油、醋、酱油、盐各适量

做法

1. 豌豆尖洗净泥沙，放入沸水中稍烫，盛在碗内。

2. 用辣椒油、花椒粉、盐、醋、酱油、葱蒜末、芽菜末、香油调成麻辣味汁。

3. 汤锅上火，加清水烧沸，下入面条煮至断生，捞起，装入豌豆尖垫底的碗内，淋麻辣味汁，撒上葱花即可。

甜水面 主食

原料 中筋面粉400克，蒜泥15克

调料 芝麻粒、芝麻酱、花椒面、辣椒油、香油、复合酱油、盐各适量

做法

1. 中筋面粉加水、盐1茶匙拌匀，面想筋道要多揉，揉好的面团饧半个小时。

2. 饧发好的面团擀成约0.6~1厘米的面皮，切成0.6~1厘米粗的条，入沸水锅中煮熟，倒入碗中加熟油拌匀，防止粘连。

3. 将复合酱油、辣椒油、蒜泥、芝麻酱、花椒面、香油、芝麻粒、盐调匀，淋在面条上，拌匀即可。

宋嫂面 主食

原料 韭菜叶面条500克，鲤鱼肉丁50克，海米10克，青腿菇粒10克，玉兰片粒10克，猪肉丁30克，鱼骨、鱼皮适量

调料 葱段、姜段、豆瓣、高汤、淀粉、水淀粉、蛋清、胡椒粉、花椒油、菜籽油、豆油、醋、料酒、盐各适量

做法

1. 鲤鱼肉丁洗净，加蛋清、淀粉上浆，入油锅中滑熟，捞出。猪肉丁煮熟。青腿菇粒、玉兰粒焯水。

2. 油锅烧热，将豆瓣煸酥，加高汤、料酒、豆瓣、鱼骨、鱼皮、葱段、姜段熬出鱼辣味，下海米、玉兰粒、青腿菇粒、鱼丁，勾芡，滴花椒油即可成面臊子。

3. 将面条煮熟，放入有豆油、醋、胡椒粉、猪肉丁、葱段、高汤的碗内，浇上面臊子即可。

肥肠米粉 主食

原料 熟肥肠200克，鲜米粉300克

调料 葱末、姜末、香菜末、郫县豆瓣酱、花椒粉、高汤、红油、料酒、盐各适量

做法

1. 米粉烫熟捞出放入碗中，加入盐、香菜末、葱末、红油、花椒粉调味。

2. 熟肥肠切片，炒锅内放上熟猪油烧热，下郫县豆瓣酱、葱末、姜末炒香，加高汤，再放入料酒、盐、肥肠烧沸3分钟，浇入米粉中，撒葱末即可。

原料 宽面条250克，瘦猪肉160克，酸菜50克，青椒2只

调料 蒜末、花椒、油、醋、辣椒油、盐、骨头汤各适量

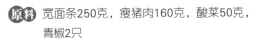

做法

1. 酸菜洗净，切丝。青椒洗净，去蒂、籽，切片。猪瘦肉洗净，切丝。

2. 锅入油烧热，放入花椒炒香，捞出，再爆蒜末，放入猪瘦肉丝炒散，下酸菜丝、青椒片翻炒，倒入骨头汤，旺火煮沸，加入醋、辣椒油、盐调匀，做成面条汤底。

3. 另起锅入清水烧开，加盐，放入面条打散，煮至沸腾，浇入清水，再次烧开。捞起面条过冷，倒入酸辣汤中搅匀煮沸，起锅即可。

酸辣面

川味牛肉石锅饭

原料 腌牛肉100克，小番茄1个，米饭200克，黄瓜3片，芥蓝菜适量

调料 蒜片、淀粉、豆瓣腐乳、香油、盐各适量

做法

1. 小番茄洗净，切片。

2. 锅入油烧热，下蒜片爆香，转旺火，倒入腌牛肉，待牛肉变色，再翻炒几下，放入芥蓝菜，加盐调味，水淀粉勾芡，淋香油起锅，制成牛肉料。

3. 白饭石锅，淋上芥牛肉料，撒小番茄片、黄瓜片，上面放豆瓣腐乳，食用前拌匀即可。

四川藕丝糕

原料 鲜藕500克，藕粉75克，鸡蛋1个

调料 琼脂、食用红色素、香油、白矾、白糖各适量

做法

1. 藕洗净去皮，切细丝，放入加白矾的热水中烫煮片刻，捞出冲凉，沥干水分。

2. 锅内加清水烧沸，放入白糖，下入蛋清，撇净浮杂，放入琼脂熬化，再放入适量食用红色素，成粉红色的糖水。藕粉调成稀糊状，倒入糖水中，搅稠倒入藕丝和匀，倒入抹香油的瓷盘内，放入冰箱冷藏。

3. 凉后用刀切成约4厘米长、2厘米宽的小长方块即可。

玛瑙团 小吃

原料 糯米粉300克，豆沙馅100克，红蜜樱桃100克

调料 白糖适量

做法

1. 糯米粉加水制成糯米团。豆沙馅加白糖拌匀，将豆沙馅放入糯米团中入蒸锅蒸熟。

2. 红蜜桃樱洗净，切小碎丁，将蒸熟的糯米团滚蘸上蜜樱桃丁摆盘即可。

提示 入笼蒸时一定要用沸水旺火速蒸，趁热容易粘匀红蜜樱桃丁。

糖汁粑粑 小吃

原料 水磨糯米粉400克，朱古力10克

调料 糖汁（糖汁由白糖、红糖、蜂蜜兑水而成）适量

做法

1. 油锅烧热，糯米粉加火搓成饼状下锅，翻煎粑粑，待粑粑两面都呈浅金黄色，将调好的糖汁倒入。

2. 反复翻拌，让每个粑粑都均匀粘到糖汁。粑粑渐渐变软，着色，油光发亮，起锅盛盘即可。

特点 金黄脆嫩，甜而不浓，油而不腻，软软的，柔柔的，色香诱人，引人胃口大开，使人想一口气就全部吞下。

香糯饼 小吃

原料 糯米粉500克，去皮熟地300克，莲蓉、大枣各200克

调料 鸡蛋液、面包糠、猪化油、白糖各适量

做法

1. 糯米粉、熟地、白糖、猪化油搅面泥，调成面团。大枣洗净，去核蒸熟，取出，搓成泥。

2. 莲蓉、大枣泥调拌成馅料。

3. 面团搓成长条，每25克下一个剂，压扁包入馅料，封口捏严，按成饼形，蘸鸡蛋液，粘面包糠，下油锅炸至金黄色即可。

原料 糯米400克，黄豆200克

调料 芝麻粉、蜜桂花、食用天然桃红色素、白糖各适量

做法

1. 把糯米淘洗干净，用温水泡2小时，沥干水分，装入饭甑内，用旺火蒸熟，将熟米饭放入石碓窝内。春成糍粑，用热的帕子搭盖。把芝麻粉、蜜桂花、白糖、食用天然桃红色素拌匀，制成芝麻糖。黄豆炒熟，磨成粉待用。

2. 糍粑放在案板上凉凉后，分成两半，一半放在撒有黄豆粉的案板上，摊开压平成片，将"洗沙"均匀地抹上。

3. 另一半糍粑成大小、厚薄差不多的片，盖在其上，再把芝麻糖撒在面上，切成块即可。

凉糍粑 <small>小吃</small>

叶儿粑 <small>小吃</small>

原料 糯米粉250克，汤圆馅100克

调料 鲜荷叶数张（巴叶为佳）

做法

1. 糯米粉用温水和好，均分15份，做成面团，取汤圆馅包好，搓成长条形状。

2. 荷叶用沸水烫过，放入凉水中浸透，取出，沥干水分，同样切成长条形状，分别将糯米粉团包好，蒸熟即可。

特点 清香滋润，醇甜爽口，荷香味浓，菜分两味，咸鲜味美。

冰汁豆花 <small>小吃</small>

原料 豆花500克，鸡蛋1个

调料 冰糖适量

做法

1. 清水倒入干净无油的锅中，烧沸，放入冰糖熬化，倒入鸡蛋清液，用手勺搅动，沸后撇去浮沫，待糖水清亮后，放入冰箱冷冻。

2. 碗中分别倒入半碗冰糖汁，再用小铁勺将豆花舀成薄片，浇在糖汁上，豆花浮起即可。

特点 色泽洁白，香甜凉爽，是夏季佳品。

冰汁杏淖 <small>小吃</small>

原料 甜杏仁30克，生花生仁75克，蛋清2个

调料 冻粉、白糖各适量

做法

1. 杏仁、花生仁用沸水浸泡1小时，去皮，另换清水淘洗干净，磨成浆状过滤。冻粉切成段，加清水上笼蒸化。

2. 锅放清水加白糖烧沸。将鸡蛋清调散，倒入糖水中，撇去浮沫，舀一半糖水起锅留用。再下杏仁花生仁浆、蒸化的冻粉搅匀，烧沸，煮2分钟，舀入大凹盘内放于冰柜中，冻冷后取出。

3. 将留用的糖水在锅内收成糖汁，经冷冻后，注入盛杏淖的盘中即可。

黄醪糟 <small>小吃</small>

原料 糯米200克

调料 酒曲适量

做法

1. 糯米洗净，浸泡发涨，沥干水分，放入饭甑子内蒸熟，倒入干净的簸箕内，凉凉至28℃。

2. 均匀地撒上酒曲和凉沸水，趁热入缸，放置在保持衡温的窝子内，让其自然发酵3天后，出缸即可。

特点 糟香扑鼻，味醇爽口，沁人心肺。

提示 糯米应用旺火速蒸，发酵时要保持衡温。

油茶 <small>小吃</small>

原料 大米100克，馓子1把，香菜10克，芽菜10克

调料 老姜、胡椒末、油辣椒、香油、盐各适量

做法

1. 将大米泡一晚上，米磨成浆。香菜切碎，老姜剁末。

2. 米浆中加5～6倍的水，文火加热，边搅边加热以免糊底。加姜末、芽菜煮至米糊熟，且成薄糊状。

3. 米糊盛入碗中，加入盐、胡椒末、油辣椒、香油调味，撒上香菜、馓子即可。

Part 2

香辣爽口是
湘菜

湘菜是中国历史悠久的地方风味菜,也是汉族饮食文化八大菜系之一。湘菜历史悠久,早在汉朝就已经形成菜系,烹调技艺达到相当高的水平。湘菜擅长香酸辣,具有浓郁的山乡风味。我们精心选取了麻辣爽口的湘菜,相信你一学就会。

湘菜特有的调味料

红油

原料：盐、植物油、干辣椒丝

做法：锅置火上，倒入植物油文火烧热，放入干辣椒丝炸出香味，加盐调匀即可。

花椒油

原料：香油、植物油各100克，姜1块，葱1根，花椒1小把

做法：炒勺置火上，入植物油烧热，放入拍松的姜和整根葱（连葱叶），炸至呈金黄色时捞出，立即放入花椒用文火稍炸，倒入香油，盖上锅盖焖片刻，关火，捞出花椒粒即可。

保存：花椒油放入密封容器中，随吃随取，可保存半年。

三合油

原料：醋、酱油、香油

做法：将以上原料按3:2:1的比例调制即可。

白汁

原料：花椒油、盐、香油

做法：将以上原料依个人口味调制即可。

蒜末汁

原料：蒜末、盐、白糖、料酒、醋、白胡椒粉、植物油、水淀粉

做法：锅入底油文火烧热，下入蒜末煸至呈浅金黄色，沿炒勺四周淋入少量料酒，待香味溢出时倒入适量沸水，见有白烟冒出后盖上锅盖，焖片刻后加入盐、白胡椒粉，调入少许醋、白糖略熬，勾薄芡，淋入明油即可。

姜汁

原料：鲜姜末、盐、醋、香油、

做法：所有原料放入碗中，加适量水调匀即可。

麻酱汁

原料：芝麻酱、酱油、香油、醋、白糖

做法：芝麻酱加少许水化开，加酱油、香油、醋、白糖，调匀即可。

咖喱油料

原料：植物油、洋葱末、咖喱粉

做法：植物油烧热，加入洋葱末爆出香味，稍凉凉后调入咖喱粉即可。

提示：多用于烹饪肉类原料。

湘菜常见味型的调制

红油味型

野味酱原料： 调料A（干青花椒、干辣椒、八角、桂皮、草果、良姜、甘草、陈皮、茴香、豆蔻），调料B（郫县豆瓣酱、干豆豉、冰糖、胡椒粉、醪糟），调料C（盐、鸡粉、料酒、牛肉膏），红油。

制作： 1.将调料A用水清洗干净后晾干，用粉碎机加工成粉末。2.豆瓣酱用刀剁成蓉状。3.净锅上火，下入红油，烧至三成热时下入调料B转文火炒制5~8分钟，再下入调料A继续炒制3分钟，下入调料C再炒制2分钟即可。

辣酱味型

煲仔酱原料： 调料A（郫县豆瓣酱、排骨酱、营口大酱、海鲜酱、柱侯酱），调料B（酱油、日本烧汁、绍酒、白糖），姜葱油。

制作： 1.将豆瓣酱剁成蓉。2.净锅上火，下入姜葱油，用中火烧至二成热时下入调料A转文火炒制5分钟，再下入调制好的调料B，用文火炒制3分钟，倒入盛器内冷却即可。

麻辣味型

麻辣火锅酱原料： 调料A（干辣椒、干花椒），调料B(老干妈豆豉、十三香、冰糖、鸡粉、红油、青花椒油)，调料C（郫县豆瓣酱、料酒），色拉油，姜片，葱段，牛油，醪糟。

制作： 1.净锅上火，下入牛油，中火炼至八成热时关火冷却，这样可以去掉牛油的腥味。2.净锅上火，下入调料A，用文火炒至干香不糊，冷却后入粉碎机中粉碎。3.净锅上火，下入色拉油，烧至五成热时，下入姜片、葱段，炼制3~5分钟，捞出去掉料渣，加入牛油和调料C，中火炒制18分钟左右，转成文火，加入粉碎的调料A、调料B和醪糟，再炒制10分钟，冷却即可。

鱼香味型

鱼香酱原料： 调料A（泡红辣椒、泡姜），蒜末，葱花，调料B（白糖、醋、盐、酱油、老抽）。

制作： 将调料A剁成蓉。在一净容器内加入剁成蓉的调料A、调料B，最后放入蒜末和葱花调匀即可。

剁椒味型

剁椒风味酱原料： 调料A（剁椒、蚝油、豆豉），调料B（姜末、蒜末），调料C（鸡粉、白糖、生抽），葱油。

制作： 将调料A下入净盆中，下入调料C调和均匀，再加入调料B和葱油，调和均匀即可。

咸鲜微辣味型

田螺酱原料： 调料A（柱侯酱、紫金酱、南乳汁、芝麻酱、沙姜粉、生抽、十三香），调料B（蒜末、干辣椒末、紫苏叶碎），花生油，鲜汤，料酒。

制作： 锅入油烧至四成热，下入调料B，中火炒至出香，加入料酒、调料A、鲜汤，用文火炒至均匀呈糊状，离火冷却盛入容器内即可。

姜汁味型

柱侯酱原料： 调料A（四川水豆豉、海鲜酱、芝麻酱、豆腐乳、陈皮末、辣椒酱），调料B（甘草粉、冰糖、五香粉），调料C（姜末、圆葱末、蒜泥），色拉油。

制作： 1.将调料A加色拉油搅拌均匀。2.另取一干净容器，下入清水，倒入调料B，使冰糖完全溶化。3.净锅入油烧至四成热，下入调料C文火煸至发黄出香，捞出料渣，下入加工后的调料A和调料B，边加热边搅拌均匀即可。

粉皮白肉

原料 五花肉100克，水发粉皮5张，红辣椒1个

调料 葱花、蒜末、香菜末、生抽、胡椒粉、香油、辣椒油、白糖、盐各适量

做法

1. 五花肉洗净，切大块，放入滚开的沸水中煮熟，捞出，凉凉，切薄片。水发粉皮切长条状，放入沸水烫熟，加盐拌匀，垫于碟底。红辣椒切圈。

2. 用蒜末、香菜末、葱花、生抽、胡椒粉、白糖、盐、香油、辣椒油调成味汁。

3. 将熟五花肉片摆在盘中粉皮上，浇上调好的味汁，撒上红辣椒圈即可。

特点 操作简单，味道清香可口。

农家小炒肉

原料 瘦猪肉150克，带皮五花肉100克，尖椒4根

调料 蒜片、红椒碎、生粉、黄酒、食用油、老抽、盐各适量

做法

1. 所有原料洗净，沥干水分，备用。瘦猪肉切片，拌入盐、黄酒、老抽、生粉抓匀，腌渍5分钟。带皮的五花肉切片。尖椒斜切成长条状。

2. 冷锅放油，油温烧至六成热，放入带皮的五花肉片，反复煸炒至五花肉中的肥油一部分被煸出，五花肉片变成金黄色。

3. 五花肉不出锅，倒入切好的尖椒条、红椒碎、蒜片、盐翻炒，下入腌好的瘦肉片略炒，淋入老抽，出锅即可。

红椒银芽里脊

原料 猪里脊肉250克，绿豆芽250克，鸡蛋清1个

调料 葱末、红椒丝、水淀粉、绍酒、猪油、盐各适量

做法

1. 里脊肉洗净，切成丝，加盐、鸡蛋清、水淀粉拌匀，入温油锅内滑熟，捞出沥油。绿豆芽掐去两头，洗净。

2. 锅留油，下葱末、绿豆芽、红椒丝，快速煸炒至八成熟，烹入绍酒，加盐，倒入切好的里脊肉丝翻炒均匀，起锅装盘即可。

原料 猪里脊肉250克，豆豉50克

调料 姜末、红辣椒酱、植物油、料酒、酱油、白糖、盐各适量

豆豉辣酱蒸里脊

做法

1. 猪里脊肉洗净，切丁。姜末放入碗内，加料酒、酱油拌匀。豆豉放入碗内，用清水略浸泡，捞出，沥干水分。

2. 锅置于中火上，放入植物油烧热，放入猪里脊肉丁翻炒片刻，加豆豉、红辣椒酱、白糖翻炒均匀，盛入大碗内，放入蒸锅，蒸15分钟左右即可。

尖椒豆干炒腊里脊

鸡腿菇蒸爽肉

原料 腊里脊肉150克，青尖椒50克，豆腐干3块

调料 蒜末、鲜汤、豆豉、色拉油、酱油、料酒、盐各适量

做法

1. 腊里脊肉用水泡1小时，上笼蒸熟，凉凉，切薄片。青尖椒洗净，斜刀改段。油锅烧至四成热，放入豆腐干炸至外皮硬，捞出，凉凉，切条。

2. 锅入油烧至六成热，将青尖椒、豆豉、蒜末炒香，下入豆腐干、里脊肉翻炒均匀，加入酱油、料酒、盐，旺火煸炒1分钟，淋鲜汤，起锅装盘即可。

原料 五花肉250克，鸡腿菇200克，

调料 葱花、姜片、小红尖椒、高汤、花生油、蚝油、老抽、盐各适量

做法

1. 鸡腿菇洗净，切块，汆水，捞出，放入锅中加入高汤、盐、老抽烧至入味。

2. 五花肉用清水煮至七成熟，切片。

3. 五花肉片码在盘子里，加盐、蚝油、老抽、入味的鸡腿菇、小红尖椒、姜片、花生油，上笼蒸15分钟，取出，撒葱花即可。

梅干菜蒸花肉

原料 带皮五花肉500克，梅干菜100克

调料 香油、老抽、生抽、蚝油、料酒、冰糖、盐各适量

做法

1. 带皮五花肉洗净，切片，放入加有料酒的水中，旺火煮15分钟，捞出，加入老抽、生抽、冰糖、盐、蚝油拌匀。

2. 梅干菜用水泡洗干净，切成小段。

3. 盘底先放一半梅干菜垫底，再放入调好味的五花肉，最后把剩下的梅干菜全铺在五花肉的面上。放入蒸锅旺火蒸15分钟，淋入香油，出锅即可。

湘西炒酸肉

原料 猪酸肉400克，青蒜50克

调料 干辣椒末、玉米粉、清汤、辣椒油、料酒、花生油各适量

做法

1. 猪酸肉洗净，切厚片。青蒜切粒。

2. 炒锅入花生油烧至六成热，放入猪酸肉片、干辣椒末、料酒煸炒至猪酸肉渗出油，用手勺扒在锅边，下玉米粉炒成黄色，再与猪肉炒匀，倒入清汤焖2分钟，待汤汁稍干，淋入辣椒油，撒入青蒜粒，装入盘中即可。

茶香一锅出

原料 猪蹄100克，鸡翅中100克，猪肋排100克，山药50克

调料 葱花、姜片、干辣椒段、胡椒粉、茶叶、食用油、酱油、料酒、白糖、盐各适量

做法

1. 猪蹄洗净，斩块。鸡翅中洗净。猪肋排洗净，斩块。山药洗净，去皮，切滚刀块。

2. 猪蹄、鸡翅中、猪肋排块入沸水锅中焯水，捞出，冲去血污。茶叶用温水泡开。

3. 锅入油烧热，放入葱花、姜片、干辣椒段、酱油、料酒爆锅，加入茶叶、茶水、猪蹄、鸡翅中、猪肋排、山药烧开，用盐、白糖、胡椒粉调味，文火烧至猪蹄、鸡翅中、猪肋排块熟烂即可。

原料 猪排骨750克，米粉、土豆各100克

调料 葱花、姜末、花椒、五香粉、清汤、醪糟
汁、南乳汁、酱油、红糖、盐各适量

做法

1. 猪排骨洗净，剁成块。葱花、姜末、花椒混
   合，剁成细末。土豆洗净，去皮，切滚刀块。

2. 将盐、酱油、红糖、南乳汁、醪糟汁、葱花、姜
   末、花椒末、五香粉、清汤调匀，与剁好的排骨
   拌合，最后撒入米粉拌匀。

3. 土豆块放入蒸碗中，将拌好的排骨块放在土豆
   上，用旺火蒸至酥烂即可。

提示 米粉就是用我们吃的米炒到金黄压碎的，因
为米会吸水，所以腌的时候要加一些水。

粉蒸排骨 猪肉

豉汁蒸排骨 猪肉

原料 猪排骨750克，豆豉、红豆瓣各50克

调料 姜末、蒜末、甜酱、冰糖、干淀粉、香油、
植物油、生抽、料酒、盐各适量

做法

1. 猪排骨洗净，斩成段。红豆瓣、豆豉分别剁细。

2. 猪排骨加入红豆瓣、豆豉、料酒、生抽、香
   油、冰糖、甜酱、蒜末、姜末、植物油、
   盐、干淀粉拌匀。

3. 拌匀的排骨平放盘中，入蒸锅，蒸30分钟出
   锅即可。

提示 可以将盘子放入蒸笼，加盖后再蒸，由于蒸笼
盖的作用，排骨中不会有过多汤汁淡化口味。

辣味蒸排骨 猪肉

原料 鲜排骨750克，水发香菇100克

调料 葱花、姜末、香菜末、蒜蓉辣酱、胡椒粉、香
油、花生油、老抽、料酒、盐各适量

做法

1. 排骨洗净，剁成段，用凉水冲去血污，用抹布
   蘸去水分。水发香菇洗净，切条。

2. 蒜蓉辣酱、盐、老抽、胡椒粉、香油、料酒、姜
   末调成酱，均匀地抹在排骨上。

3. 排骨、香菇条放入蒸笼蒸熟，撒上香菜末、葱
   花，将花生油烧热，浇在菜上即可。

特点 排骨鲜嫩，味道美味，咸辣独特。

酸菜排骨锅 猪肉

原料 排骨500克,粉丝50克

调料 葱段、姜片、四川酸菜、野山椒、辣椒油、盐各适量

做法

1. 排骨洗净,放入清水锅中,加葱段、姜片烧开,旺火煮五分钟,将排骨捞出,锅中的汤倒掉,并把锅洗干净。粉丝泡水。

2. 把四川酸菜倒入清水锅中和排骨一起煮,放入野山椒、葱段、姜片、盐调味。

3. 泡好的粉丝倒入锅中,煮开后放入辣椒油即可。

茶树菇炖排骨汤 猪肉

原料 猪肋排200克,茶树菇100克,白萝卜100克

调料 葱段、姜片、枸杞、食用油、料酒、盐各适量

做法

1. 猪肋排洗净,斩小段,入沸水锅中焯水,捞出,洗净血污。茶树菇洗净,去根。白萝卜洗净,去皮,切滚刀块。

2. 锅入油烧热,放入葱段、姜片、料酒爆锅,倒入清水,再放入猪肋排炖至八成熟,加入枸杞、茶树菇、白萝卜块,调入盐烧开即可。

螺旋腊肉 猪肉

原料 腊肉400克,罗汉笋200克,油菜心100克

调料 干椒汁、豆豉、植物油、盐各适量

做法

1. 腊肉洗净,入蒸笼蒸熟,切成薄片。

2. 罗汉笋切段,和油菜心一起焯水,捞出,放入锅中,加盐调味煨好。

3. 将腊肉片平铺,卷入罗汉笋,扣于蒸钵内,加入豆豉、干椒汁等调料,入笼蒸至熟烂,取出,摆入盘内,用入好味的油菜心装饰即可。

清蒸湘西腊肉 猪肉

原料 湘西五花腊肉500克

调料 葱花、浏阳豆豉、鸡汤、白糖、盐各适量

做法

1. 腊肉皮用火烧去残毛,把皮烧起泡,再将腊肉清洗干净,放入清水锅中煮熟。

2. 煮好的腊肉改切成片,摆入盘中,加入葱花、浏阳豆豉、鸡汤、白糖、盐,上笼蒸40分钟左右,取出,拣去葱花、豆豉,摆盘即可。

荷香蒸腊肉

原料 湖南腊肉400克

调料 葱花、姜末、荷叶、花生油各适量

做法

1. 腊肉洗净，切片。荷叶洗净，摆入碟内，将腊肉放在荷叶上。

2. 蒸锅入清水烧开，放入荷叶、腊肉，用中火蒸20分钟，取出，撒上姜末、葱花。

3. 另起锅，倒入花生油烧热，淋在腊肉上即可。

腊肉片蒸土豆

原料 腊肉400克，土豆200克，鸡蛋1个

调料 葱花、蒜末、蒸肉米粉、香油各适量

做法

1. 腊肉洗净，切片。土豆洗净，切片。鸡蛋搅成全蛋液。

2. 腊肉片裹匀蛋液，再裹上蒸肉米粉。把腊肉片、土豆片间隔地放在盘子里，撒上蒜末，入沸水锅中，用旺火隔水蒸约30分钟，取出，撒上葱花，淋入香油即可。

海派腰花

原料 猪腰600克

调料 葱丝、姜末、干辣椒、香菜段、红辣椒、白糖、食用油、盐各适量

做法

1. 猪腰洗净，去腰臊，剞十字花刀。干辣椒洗净，切丝。红辣椒洗净，切粒。

2. 锅入油烧热，放入腰花滑熟，捞出。

3. 另起油锅，加入姜末、葱丝、干辣椒丝、盐、白糖炒好，加入腰花，撒上香菜段、红辣椒粒即可。

豆豉辣酱炒腰花

原料 猪腰400克，水发木耳50克

调料 葱段、姜片、蒜片、干辣椒段、胡椒粉、淀粉、水淀粉、豆豉辣酱、食用油、醋、酱油、料酒、盐各适量

做法

1. 猪腰洗净，去腰臊，剞十字花刀，加盐、料酒、淀粉调味，入油锅滑油，捞出沥油。木耳撕小朵。

2. 锅入油烧热，放入姜片、蒜片、葱段、干辣椒段、醋、酱油、豆豉辣酱爆香，再放入腰花、木耳，加盐、胡椒粉调味，用水淀粉勾芡，出锅即可。

烹炒凤尾腰花

原料 猪腰100克，净冬笋条50克，水发香菇条40克

调料 葱花、姜片、鲜红椒块、高汤、胡椒粉、水淀粉、生粉、香油、酱油、食用油、料酒、盐各适量

做法

1. 猪腰去膜，片成两半，去腰臊，用盐、生粉拌匀。用斜刀法将猪腰划成一字花刀，再用直刀法切，每切3刀断成约1厘米宽的带花条形。

2. 酱油、高汤、水淀粉调成汁。腰花入热油锅中略炸，捞出沥油。

3. 锅留油，放鲜红椒块、冬笋条、香菇条、葱花、姜片煸香，倒入调好的汁，待汁浓稠，倒入腰花炒匀，撒上胡椒粉，淋香油即可。

石锅辣肥肠

原料 肥肠500克，洋葱、蒜苗各50克

调料 姜片、蒜片、红椒、卤水、色拉油、盐各适量

做法

1. 肥肠入沸水中汆烫，冲凉洗净，放入卤水中卤制1小时，取出，切段。红椒、洋葱分别洗净，切片。蒜苗洗净，切段。

2. 锅入油烧至五成热，离火，放入肥肠段炸至上色，捞出沥油。

3. 锅入底油烧至六成热，下入红椒片、姜片、蒜片、洋葱片，旺火煸香，加入盐、肥肠段、蒜苗段旺火翻炒，出锅装入烧热的石锅即可。

脆芹炒猪肚

原料 西芹400克，猪肚250克

调料 葱花、水淀粉、香油、酱油、猪油、料酒、白糖、盐各适量

做法

1. 猪肚洗净切片，放入碗中，加盐、酱油、水淀粉腌渍。

2. 西芹取茎，用刀拍松，切片。

3. 锅入油烧热，放入干猪肚滑散，至变色后盛出沥油。

4. 另起净锅，放少许猪油烧热，炒香葱花，放入西芹，加料酒、盐、白糖、清水炒熟，用水淀粉勾芡，放猪肚翻匀，淋香油装盘即可。

原料 新鲜猪肚400克

调料 葱段、干黄贡椒、茶油、猪油、米酒、酱油、盐各适量

做法

1. 干黄贡椒洗净，顶刀切碎段。

2. 猪肚用清水刮洗干净，晾干，斜纹切丝。

3. 锅入猪油烧热，放入干黄贡椒、盐煸香，出锅。

4. 原锅留底油烧热，放入肚丝，加盐、酱油、米酒调味，爆炒，倒入干黄贡椒、葱段翻炒均匀，出锅装盘。

功效 猪肚中含有丰富的蛋白质、脂肪、碳水化合物、多种维生素及钙、磷、铁等营养成分，具有补虚损、健脾胃的功效。

石湾脆肚 猪肉

泡萝卜炒肚仁 猪肉

原料 泡萝卜200克，熟猪肚200克

调料 葱花、姜末、红辣椒、胡椒粉、食用油、料酒、盐各适量

做法

1. 泡萝卜洗净，切条。熟猪肚切条。红辣椒洗净，切斜段。

2. 锅入油烧热，放入葱花、姜末、料酒、红辣椒段爆香，放入泡萝卜条、熟猪肚条翻炒，用盐、胡椒粉调味，旺火炒匀即可。

提示 清洗干净的猪肚要用刀剔去内侧筋膜，方可食用。

剁椒蒸猪肚 猪肉

原料 猪肚350克，鲜红尖椒段60克

调料 葱花、姜片、豆豉、蚝油、白糖、盐各适量

做法

1. 猪肚洗净，放入清水锅中，加葱花、姜片煮40分钟至软烂。

2. 取出猪肚改成长条块，放入碗中。

3. 撒上鲜红尖椒段、盐、白糖、蚝油、豆豉，上笼蒸10分钟即可。

提示 煮猪肚时切不可放盐，否则会使猪肚收缩。加适量汤，放锅里蒸一下，可使猪肚变嫩，而且还会使猪肚体积增大一倍。

大葱拌香耳

猪肉

原料 熟猪耳300克

调料 葱丝、香菜段、鲜辣露、香油、盐各适量

做法

1. 熟猪耳切丝。

2. 猪耳丝、葱丝、香菜段放盛器中，调入盐、辣鲜露、香油调味，拌匀即可。

特点 此菜鲜香、微辣、微酸、微甜，层层脆嫩，醇香可口，下酒美味。

烟笋炒腊猪耳

猪肉

原料 烟笋300克，熟腊猪耳150克

调料 蒜苗段、色拉油、白糖、盐各适量

做法

1. 烟笋破开，切成节，放入清水锅中汆水，捞出，沥干水分。腊猪耳洗净，切成片。

2. 净锅上火，下入色拉油烧热，放入腊猪耳片炒至呈灯窝状，加入烟笋、蒜苗段，用盐、白糖调味，翻匀炒香，起锅即可。

辣油耳丝

猪肉

原料 熟猪耳500克

调料 红辣椒、青蒜苗段、酱油膏、辣椒油、香油、白糖各适量

做法

1. 青蒜苗择洗干净，切斜刀。辣椒洗净，去籽，切丝。熟猪耳切细丝。

2. 青蒜苗段、红辣椒丝、熟猪耳丝、辣椒油、白糖、酱油膏、香油放入盘中拌均匀即可。

干辣椒皮炒猪耳

猪肉

原料 猪耳200克，干辣椒皮120克，芹菜60克

调料 花椒油、精炼油、盐各适量

做法

1. 猪耳用火略烧，放入温热水中刮洗干净，再入锅煮熟，捞出，切成薄片。干辣椒皮用温水稍泡，沥干水分。芹菜洗净，切成条。

2. 净锅上火，入适量精炼油烧热，倒入猪耳片略炒，加入干辣椒皮，调入盐稍炒，放入芹菜条炒香，淋少许花椒油炒匀，起锅装盘即可。

湘西风味炒猪肝

原料 猪肝400克，蒜苗40克

调料 葱花、姜末、蒜末、红杭椒、辣椒酱、淀粉、辣椒油、食用油、料酒、白糖、盐各适量

做法

1. 蒜苗洗净，切段。红杭椒洗净，切圈。猪肝洗净，切片，加盐、料酒、淀粉上浆，入热油滑熟，捞出控油。

2. 锅入油烧热，放入葱花、姜末、蒜末、辣椒酱爆香。放入蒜苗段、红杭椒圈、猪肝、盐、白糖调味，翻炒均匀，淋上辣椒油即可。

溜炒肝尖

原料 鲜猪肝300克，水发木耳块、洋葱各20克

调料 葱末、姜末、蒜末、红尖椒块、水淀粉、色拉油、香油、酱油、料酒、白糖、盐各适量

做法

1. 猪肝洗净，切片，加盐、料酒、水淀粉拌匀上浆。酱油、盐、料酒、白糖、水淀粉调成芡汁。

2. 锅入油烧至四成热，下肝片滑散至熟，捞出沥油。

3. 锅留底油，放入葱末、姜末、蒜末爆香，下洋葱、木耳块、红尖椒块煸炒，倒入滑好的肝片，倒入芡汁，翻炒均匀，淋入香油即可。

茶香猪心

原料 猪心1个

调料 胡椒粒、花椒粒、甘草、八角、桂皮、茶叶、绍酒、盐各适量

做法

1. 猪心切开，处理干净，用竹签固定，再用热水略为氽烫，捞起沥干。

2. 锅入胡椒粒、花椒粒、甘草、八角、桂皮、茶叶、绍酒、盐、清水，旺火煮开，放入猪心略煮，再关火浸泡2小时，捞出沥干，凉凉，去除竹签，切成薄片即可。

剁椒蒸猪血

原料 鲜猪血400克，乡里剁椒50克

调料 葱花、姜末、蒜末、豆豉、花生油、香油、盐各适量

做法

1. 猪血洗净，切厚片，放入清水锅中氽水。

2. 剁椒加盐、豆豉、姜末、蒜末、温花生油浸泡至熟，制成剁椒汁。

3. 猪血片盛碗中，淋上剁椒汁，入笼蒸3分钟，取出，淋香油，撒葱花即可。

香辣猪皮

原料 熟猪皮300克，小红尖椒、青杭椒各20克

调料 姜片、胡椒粉、花椒粉、辣椒酱、食用油、料酒、醋、盐各适量

做法

1. 熟猪皮、青杭椒分别洗净，斜切粗丝。小红尖椒洗净，切小段。

2. 锅入油烧热，下入姜片、料酒、辣椒酱、小红尖椒段、青杭椒丝爆香。下入猪皮丝，加入盐、胡椒粉、花椒粉调味，滴少许醋，翻炒均匀，出锅装盘即可。

功效 猪皮含有大量在烹煮过程中可转化为明胶的胶原蛋白质，这种明胶能显著改善机体生理功能，有保湿、延缓皮肤衰老的作用。

黄豆炖猪蹄

原料 猪蹄400克，黄豆50克

调料 葱花、姜片、蒜片、香叶、桂皮、八角、食用油、醋、酱油、料酒、白糖、盐各适量

做法

1. 猪蹄洗净，斩块，入沸水锅中焯水，捞出，洗净血污。黄豆温水泡发。

2. 锅入油烧热，将葱花、姜片、蒜片、酱油、八角、桂皮、香叶、醋爆香，放入猪蹄块翻炒上色，加盐、白糖、料酒调味，加黄豆炖至熟烂，出锅装盘即可。

特点 口味浓香，营养价值丰富，美容养颜抗衰老，适合多种人群食用。

红烧猪蹄

原料 净猪蹄500克

调料 葱段、姜片、香菜、桂皮、八角、整干椒、糖色、色拉油、酱油、料酒、白糖、盐各适量

做法

1. 猪蹄洗净，斩成块，焯水。

2. 锅入油烧热，将葱段、姜片、桂皮、八角、整干椒爆香，倒入猪蹄煸干水分。烹料酒、糖色、酱油翻炒至上色，加水，加盐、白糖调味，文火烧至酥烂，入味。

3. 食用时，拣出姜片、葱段、香料，盛碗中，撒香菜即可。

原料 熟卤牛肉300克，青杭椒、红杭椒各50克，圆葱30克

调料 香菜、辣鲜露、辣椒油、白糖、盐各适量

做法

1. 熟卤牛肉切成小方丁。青杭椒、红杭椒分别洗净，去籽、蒂，切圈。圆葱洗净，切成小方丁。香菜择洗干净，切成小段。

2. 牛肉丁、青杭椒圈、红杭椒圈、圆葱丁、香菜段盛入碗中，加盐、白糖、辣鲜露、辣椒油调味，拌匀即可食用。

功效 牛肉富含蛋白质，氨基酸组成比猪肉更接近人体需要，能提高机体抗病能力，寒冬食牛肉可暖胃，是该季节的补益佳品。

杭椒拌牛肉 牛肉

白椒手撕牛肉 牛肉

手撕腊牛肉 牛肉

原料 熟卤牛肉300克，泡白椒30克

调料 香菜段、辣鲜露、香油、生抽、白糖各适量

做法

1. 熟卤牛肉撕成丝。

2. 泡白椒剁细末。

3. 牛肉丝、泡白椒末、香菜段放容器中，用生抽、白糖、辣鲜露、香油调味，拌匀即可。

提示 牛肉的纤维和结缔组织较多，不能顺着纤维组织撕，否则不仅不易入味，还嚼不烂。

原料 腊牛肉300克

调料 蒜末、红尖椒、植物油、香油、醋、盐各适量

做法

1. 腊牛肉蒸熟，撕成细丝。

2. 红尖椒洗净，切丝。

3. 锅入植物油烧至七成热，下入牛肉丝煸炒，烹入醋，出锅待用。

4. 锅留油，放入蒜末、红尖椒、牛肉丝煸炒，加入盐、醋调味，淋入香油，装盘即可。

干煸牛肉丝 （牛肉）

原料 净牛肉300克，芹菜100克

调料 姜丝、郫县豆瓣、花椒粉、干辣椒丝、熟白芝麻、花生油、绍酒、白糖、盐各适量

做法

1. 牛肉切成细丝。

2. 芹菜择洗干净，去叶，切长段。

3. 锅入油烧热，放入牛肉丝炒散，倒入盐、绍酒、姜丝，继续煸炒至牛肉水干、呈深红色。放入郫县豆瓣炒散，待出香味、肉丝煸酥时，加入芹菜、白糖炒熟，倒在盘中，撒上花椒粉、熟白芝麻、干辣椒丝即可。

红烧牛肉 （牛肉）

原料 牛肉500克，白萝卜30克，豆瓣酱10克，青蒜苗段30克

调料 香菜末、花椒、八角、植物油、鲜汤、白糖、盐各适量

做法

1. 牛肉、白萝卜分别洗净，切块。花椒、八角用纱布包好成香料包。

2. 净锅上火，下植物油烧至六成热，放入豆瓣酱炒至油呈红色，加入鲜汤、牛肉块、香料包、盐、白糖，烧开后改用文火煮至牛肉将熟，下萝卜块，烧至汁浓肉烂，取出香料包，加青蒜苗段拌匀，出锅撒香菜末即可。

辣蒸萝卜牛肉丝 （牛肉）

原料 牛肉500克，白萝卜150克

调料 葱末、姜末、蒜末、米粉、辣椒粉、胡椒粉、茶油、老抽、生抽、黄酒、白糖、盐各适量

做法

1. 牛肉洗净，切细丝。白萝卜洗净，切粗丝。

2. 牛肉丝用盐、老抽、生抽、白糖、黄酒、胡椒粉、茶油腌渍20分钟。白萝卜丝用盐腌片刻。

3. 将牛肉丝、姜末、蒜末、白萝卜丝、米粉、辣椒粉混合拌匀。

4. 蒸锅烧开铺上屉布，把牛肉、萝卜丝顺蒸锅内壁摆放，中间留空地。把屉布盖在上面，盖上盖，旺火猛蒸30分即可。

原料 牛肉400克

调料 葱段、姜片、香菜段、八角、花椒、桂皮、辣椒末、熟白芝麻、食用油、料酒、盐各适量

做法

1. 牛肉洗净，切成小块，入沸水锅汆水，捞出，沥干水分。

2. 锅入清水，放入牛肉、八角、花椒、桂皮、姜片、葱段、料酒旺火煮开，改文火，煮至肉烂，凉凉。将煮好的牛肉撕成细长条。

3. 锅入油烧热，放入花椒炸熟，捞出。将花椒油倒入盛有辣椒末、熟白芝麻、盐的碗内，调成辣椒油。把牛肉丝、辣椒油、香菜段、葱段、盐拌匀即可。

湘卤手撕牛肉 牛肉

小笼粉蒸牛肉 牛肉

原料 牛肋条肉400克，糯米粉50克，青菜20克

调料 葱花、姜末、香菜段、干淀粉、五香米粉、花生油、甜面酱、豆瓣酱、酱油、料酒、胡椒粉、白糖、盐各适量

做法

1. 牛肋条肉洗净，去筋，切片，装在碗内。青菜去老叶，择洗干净，切长条块。

2. 牛肋条肉加入葱花、姜末、甜面酱、豆瓣酱、酱油、料酒、白糖、干淀粉、五香米粉搅拌均匀，再加花生油拌匀。

3. 牛肋条肉片铺在青菜上，入小蒸屉。待蒸至牛肉断血、酥嫩，离火，盛到盘内。锅入油烧热，爆葱花，趁热淋在牛肉上，撒胡椒粉、香菜段即可。

铁锅黑笋小牛肉 牛肉

原料 小牛肉500克，水发黑笋、洋葱片各20克

调料 姜片、蒜片、香叶、川椒、八角、草果、辣妹子酱、豆瓣酱、排骨酱、啤酒、食用油、白糖、盐各适量

做法

1. 小牛肉洗净，切方块，入沸水中旺火汆3分钟，捞出。水发黑笋洗净，切方块，备用。

2. 锅入油烧至七成热，放入蒜片、姜片、香叶、草果、八角煸香，再放入豆瓣酱、排骨酱、川椒、啤酒、辣妹子酱、白糖炒香，倒入牛肉、黑笋炒匀，入高压锅内旺火压16分钟即可。

3. 铁锅上火加热，放入洋葱片垫底，最后将压好的小牛肉、黑笋放在洋葱上趁热上桌即可。

豆豉尖椒蒸牛肉 牛肉

原料 黄三爷腊牛肉400克

调料 葱花、姜末、蒜末、鲜尖椒圈、豆豉、牛肉酱、老抽、花生油、盐各适量

做法

1. 腊牛肉洗净，切片，下五成热的油中炸香，捞出沥油，装盘备用。

2. 起锅下花生油烧热，放入姜末、蒜末，加入豆豉、鲜尖椒圈、盐、老抽、牛肉酱翻炒，浇在牛肉片上。

3. 上笼蒸30分钟，出锅，撒葱花即可。

特点 这道小菜有荤有素，香辣可口，适合拌粥拌饭，简单美味，老少皆宜。

牛肉炒芦笋 牛肉

原料 牛脊肉200克，芦笋200克

调料 姜丝、辣椒末、生抽、淀粉、花生油、料酒、

做法

1. 牛脊肉洗净，切丝，加盐、淀粉上浆。

2. 锅入油烧至四成热，放入浆好的牛脊肉丝滑熟，捞出沥油。

3. 芦笋洗净，去老皮，切条，焯水，沥干水分。

4. 锅入油烧热，下姜丝、料酒爆香，放入牛脊肉丝、芦笋条，加生抽、盐翻炒均匀，撒辣椒末出锅即可。

酱牛肉 牛肉

原料 牛腱子肉500克，酱油150克

调料 葱段、葱花、姜片、调料A（花椒、八角、桂皮、丁香、陈皮、白芷、砂仁、豆蔻、茴香）、料酒、白糖、盐各适量

做法

1. 牛腱子肉洗净，切成大块。用沸水焯透，捞出，冷水冲凉。

2. 牛肉块倒入锅中，加入酱油、盐、白糖、料酒，放入葱段、姜片、调料A，文火炖2小时。

3. 待用筷子可以扎透牛肉时捞出，凉凉，切薄片，装盘，撒葱花即可。

原料 熟牛肚400克，白辣椒100克，红尖椒50克

调料 葱花、姜片、蒜片、植物油、生抽、白糖、盐各适量

白辣椒炒脆牛肚

做法

1. 熟牛肚切条，焯水，冲凉控水。白辣椒洗净，切条。红尖椒洗净，切圈。

2. 锅入植物油烧热，爆香葱花、姜片、蒜片，放入牛肚条、红尖椒圈，加入盐、生抽、白糖翻炒均匀，最后放入白辣椒条炒匀，出锅装盘即可。

提示 此菜不能加汤，一定要急火快炒，才能出来干香味。油不可放得太少，以免粘锅。

茶树菇炒牛肚

原料 熟牛肚200克，茶树菇200克

调料 葱花、姜片、蒜片、青尖椒条、红尖椒条、辣椒酱、生抽、植物油、白糖、辣椒油、盐各适量

做法

1. 茶树菇洗净，切段，入油锅炸至呈金黄色，捞出控油。熟牛肚切条，入沸水锅中焯水，捞出，冷水冲凉，沥干水分。

2. 锅入油烧热，放入葱花、姜片、蒜片、辣椒酱爆香，再放入牛肚条、茶树菇、青尖椒条、红尖椒条翻炒，加生抽、盐、白糖翻匀，淋辣椒油，出锅即可。

湘辣牛筋

原料 牛筋600克，红辣椒1个

调料 葱花、蒜片、辣椒末、番茄酱、香油、食用油、水淀粉、料酒、白糖、盐各适量

做法

1. 牛筋洗净，倒入沸水锅中汆水，捞出凉凉，切大块。红辣椒洗净，切圈。

2. 锅入油烧热，放入葱花、红辣椒圈、蒜片爆香，再放入牛筋块、白糖、料酒、番茄酱、盐、水，文火焖煮40分钟。

3. 出锅前夹出葱花、辣椒圈、蒜片，撒辣椒末，用水淀粉勾芡，淋香油，炒匀即可。

香槟水滑鸡片 ^{鸡肉}

原料 鸡胸肉300克，油菜心6棵，番茄50克，鸡蛋1个

调料 葱末、姜末、香槟、淀粉、水淀粉、食用油、盐各适量

做法

1. 鸡胸肉洗净，切片，用蛋清、香槟、淀粉上浆。鸡肉片入沸水锅中滑熟，捞出，沥干水分。

2. 油菜心洗净，入沸水中焯熟，垫在盘子底部。番茄用沸水微烫，去皮，切片。

3. 盐、香槟、水淀粉、葱花、姜片、清水调成汁。

4. 锅入油烧至四成热，倒入调好的汁，放入鸡肉片、番茄旺火快速翻炒，盛出放在油菜心上即可。

芥末鸡条 ^{鸡肉}

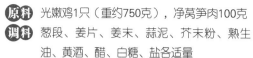

原料 光嫩鸡1只（重约750克），净莴笋肉100克

调料 葱段、姜片、姜末、蒜泥、芥末粉、熟生油、黄酒、醋、白糖、盐各适量

做法

1. 鸡处理干净，放入沸水锅，加葱段、姜片、黄酒煮至水沸，转用文火焖15分钟至鸡肉熟烂，捞出，凉凉，去骨，切长条。

2. 莴笋肉切条，用少许盐腌渍入味，沥干水分。

3. 芥末粉用温水、醋调匀，再加熟生油、白糖调匀，制成芥末糊。

4. 把鸡肉条、莴笋条、姜末、蒜泥都放入芥末糊中拌匀，装盘即可。

黄椒蒸鸡 ^{鸡肉}

原料 净仔鸡（约700克）

调料 葱花、姜片、酱椒、熟红椒粒、黄灯笼辣椒、南腐乳、料酒、蚝油、盐各适量

做法

1. 净仔鸡剁块，加葱花、姜片、料酒、盐、南腐乳、蚝油腌渍入味。

2. 黄灯笼辣椒、酱椒分别切细粒。

3. 入味的鸡块放入小木桶，撒匀黄灯笼辣椒粒、酱椒粒，上笼旺火蒸制30分钟，撒熟红椒粒、葱花，装盘即可。

原料 鸡肉400克

调料 葱末、姜末、糯米粉、胡椒粉、高汤、江米酒、酱油、盐各适量

1. 鸡肉洗净，用刀面把肉拍松，切块。

2. 鸡肉块加江米酒、姜末、葱末、盐、酱油、胡椒粉拌匀，腌渍2小时至入味。

3. 取大蒸碗一个，用糯米粉垫底，放入腌好的鸡肉块（带汁），再加入高汤拌匀，上蒸笼用旺火、沸水足气蒸1小时，蒸至酥熟，取出即可。

粉蒸嫩鸡

湘水三黄鸡

原料 新鲜三黄鸡1只（约800克），杭椒圈100克，葱花30克

调料 调料A（生姜、香芹、香菜、鸡粉、黄姜粉、料酒）、调料B（鸡粉、李锦记蒸鱼豉油、生抽、白糖）、盐、色拉油各适量

1. 三黄鸡处理干净，焯水备用。锅入水，加入调料A旺火烧开，煮5分钟关火，浸泡20分钟，捞出改刀装盘。

2. 另起锅，放入调料B烧开，均匀淋在三黄鸡上。

3. 净锅入色拉油，放入杭椒圈，加入盐翻炒至清香，淋在三黄鸡上，撒葱花即可。

竹筒浏阳豆豉鸡

原料 竹筒1个，仔鸡1只（约700克）

调料 姜片、蒜片、胡椒粉、郫县豆瓣酱、浏阳豆豉、干辣椒、色拉油、香油、料酒、盐各适量

1. 仔鸡处理干净，剁成块。干辣椒洗净，切段。

2. 锅入油烧至六成热，放入浏阳豆豉、郫县豆瓣酱、姜片、蒜片、干辣椒煸香，再加入仔鸡块，中火炒干水分，炒出香气，放入盐、胡椒粉、料酒，中火翻炒均匀，出锅放入竹筒。

3. 竹筒盖上盖儿，入笼旺火蒸制30分钟，取出淋上香油即可。

剁椒黑木耳蒸鸡 〔鸡肉〕

原料 鸡翅400克，泡发黑木耳100克

调料 葱花、姜片、蒜末、鲜红辣椒末、剁椒、香油、植物油、生抽、白糖、盐各适量

做法

1. 鸡翅洗净，剁成小块。锅入植物油烧热，放入姜片、蒜末、剁椒、葱花爆香，加入白糖、生抽、盐调味。

2. 炒好的调料倒入鸡翅拌匀，腌渍入味。泡发黑木耳洗净，撕成小块儿，码在碟子里。将腌渍入味的鸡翅均匀地码在黑木耳上面，把所有的酱汁都淋在表面。

3. 入蒸屉，沸水蒸25分钟，撒葱花、红辣椒末，淋少许香油，出锅即可。

青椒炒笨鸡 〔鸡肉〕

原料 笨鸡1只（重约750克），青椒50克

调料 葱花、姜片、蒜片、八角、花椒、酱油、食用油、料酒、白糖、盐各适量

做法

1. 笨鸡洗净，斩块，入沸水锅中焯水，捞出。青椒洗净，切圈。

2. 锅入油烧热，放入葱花、姜片、蒜片、酱油、八角、花椒爆香，倒入料酒、鸡块煸炒2分钟，加入水、盐、白糖调味，沸水煮至鸡块熟透。

3. 放入青椒圈，旺火收汁，出锅装盘即可。

平锅螺丝鸡 〔鸡肉〕

原料 本地土母鸡1只，重庆田螺300克

调料 调料A(姜片、八角、桂皮、砂仁、花椒、干辣椒节)、调料B(荆沙豆瓣、荆沙辣酱、辣妹子酱、四川泡椒、蚝油)、调料C(蒜末、青红杭椒节、十三香、孜然粉)、香菜段、鲜汤各适量

做法

1. 土鸡洗净，斩块。田螺处理干净，入沸水中汆烫。

2. 锅入油烧热，放入鸡块、田螺文火炒香，入调料A继续翻炒，再加入调料B，文火煸炒至出红油，加鲜汤烧开。倒入高压锅内，文火压10分钟。

3. 鸡肉、田螺入炒锅内，加调料C，文火烧5分钟，出锅，撒香菜段即可。

萝卜炒鸡丁 （鸡肉）

原料 鸡胸肉300克，泡白萝卜100克

调料 香菜段、川味泡椒酱、淀粉、蛋清、食用油、辣椒油、料酒、白糖、盐各适量

做法

1. 鸡胸肉洗净，切丁，加盐、料酒、蛋清、淀粉上浆。

2. 泡白萝卜洗净，切丁。

3. 锅入油烧热，放入浆好的鸡胸肉滑散、滑熟，捞出沥油。

4. 锅留油烧热，炒香川味泡椒酱，放入萝卜丁煸炒1分钟，再放入鸡丁，用盐、白糖调味，淋辣椒油，撒上香菜段，翻炒均匀即可。

剁椒炒鸡丁 （鸡肉）

原料 鸡腿肉300克，青杭椒丁、红杭椒丁各50克

调料 姜末、蒜末、香菜段、剁椒酱、生抽、料酒、白糖、食用油、盐各适量

做法

1. 鸡全腿去骨，洗净，改刀切小丁。

2. 锅里加清水、姜片、料酒烧开，倒入鸡丁，再次煮开，捞出鸡丁，凉凉，沥干水分。

3. 锅入油烧热，放入姜末、蒜末爆锅，倒入剁椒酱、青杭椒丁、红杭椒丁炒至出香味。

4. 放入鸡丁翻炒均匀，调入白糖、生抽、盐，旺火收汁，撒香菜段，起锅装盘即可。

芦荟乌鸡汤 （鸡肉）

原料 乌鸡1只，芦荟100克，大枣6个

调料 葱花、姜片、枸杞、胡椒粉、料酒、盐各适量

做法

1. 乌鸡洗净，焯水，除去血污。芦荟洗净，吸取黏液切块。枸杞、大枣温水略泡。

2. 把焯过水的乌鸡、料酒、葱花、姜片、枸杞、大枣放入砂锅内，用旺火烧开，改文火炖2小时，加入芦荟块、盐、胡椒粉调味，烧开即可出锅。

生煎鸡翅 🐔鸡肉

原料 鸡翅12只，小青菜100克

调料 葱花、蒜泥、植物油、酱油、料酒、白糖、盐各适量

做法

1. 鸡翅洗净，剞十字花刀，用料酒、酱油、白糖、蒜泥腌渍入味。小青菜择洗净。

2. 锅入油烧热，将青菜炒熟，炒至断生，捞出，垫在盘底。

3. 另起锅，倒入植物油烧热五成热，放入鸡翅，煎至两面呈金黄色。

4. 用料酒、酱油、白糖调成汁，分2次泼入锅中鸡翅上，起锅颠翻，盛出，放在小青菜上，撒上葱花即可。

贵妃鸡翅 🐔鸡肉

原料 鸡翅3只，胡萝卜50克，红葡萄酒100克

调料 葱花、姜片、胡椒粉、花椒、清汤、植物油、料酒、白糖、盐各适量

做法

1. 胡萝卜洗净，切成厚菱形块，焯水。

2. 鸡翅洗净，改刀，用盐、料酒、胡椒粉、花椒腌渍30分钟，下入沸水锅中焯水。

3. 锅入油烧热，放入葱花、姜片爆香，下入鸡翅翻炒，加入红葡萄酒、清汤、盐、白糖，放入装有花椒的料包，用微火炖制40分钟。

4. 待鸡肉熟透、汤汁浓稠时，加入胡萝卜，拣去花椒包，装盘时将胡萝卜垫底。

铁观音炖鸡翅 🐔鸡肉

原料 鸡翅400克，铁观音茶15克

调料 葱花、姜片、料酒、盐各适量

做法

1. 鸡翅洗净，焯水。铁观音茶放入茶杯，用热水洗净。

2. 锅入清水烧开，倒入大炖盅，放入葱花、姜片、料酒、鸡翅，文火炖3个小时。

3. 加入适量的盐调味，将洗好的茶叶放入汤里，待泡好即可。

原料 鸡腿400克

调料 葱段、姜片、小茴香、桂皮、八角、植物油、酱油、香油、料酒、白糖、盐各适量

做法

1. 鸡腿洗净，去骨头，剞十字花刀，用酱油、料酒腌渍50分钟。

2. 锅入植物油烧至八成热，将鸡腿放入炸至两面呈金黄色，捞出沥油。

3. 锅入底油烧热，放入葱段、姜片爆香，倒入水，加入小茴香、桂皮、八角、盐、白糖烧开，去浮沫，放入鸡腿，用慢火卤熟，取出凉凉，刷香油，改刀装盘即可。

卤鸡腿肉

蘑菇片蒸鸡腿

原料 鸡腿300克，水发蘑菇片、洋葱各50克

调料 葱末、姜丝、芝麻、蒸肉米粉、酱油、蚝油、料酒、香油、盐各适量

做法

1. 水发蘑菇片，洗净。洋葱洗净，切碎。将料酒、酱油、蚝油、盐、香油、清水、蒸肉米粉拌匀，制成酱汁备用。

2. 鸡腿洗净，去骨，撒上姜丝、洋葱碎，再倒入调好的酱汁，腌渍15分钟入味，撒上蘑菇片。

3. 上笼蒸15分钟取出，撒上葱末、芝麻即可。

豉椒蒸凤爪

原料 鸡爪400克

调料 蒜泥、红椒末、胡椒粉、豆豉、植物油、香油、老抽、白糖、盐各适量

做法

1. 鸡爪剪去指甲，洗净，切段，再切成两半，放入沸水中焯至断生，捞出，沥干水分。

2. 蒜泥、红椒末、胡椒粉、豆豉、香油、老抽、白糖、盐拌匀，制成调料汁，备用。

3. 锅入油烧至七成热，放入鸡爪炸至呈金黄色，捞出，沥油。

4. 将炸好的鸡爪放入清水中浸泡10分钟，捞出，放在调料汁里腌30分钟，上笼，隔水蒸30分钟即可。

孜然羊肉 羊肉

原料 羊肉250克，鸡蛋1个

调料 葱花、姜片、孜然、胡椒粉、水淀粉、黄酒、食用油、醋、酱油、白糖、盐各适量

做法

1. 羊肉洗净，切成片，加入黄酒、盐、鸡蛋、水淀粉抓匀上浆。

2. 酱油、白糖、黄酒、醋、胡椒粉、水淀粉、水调成味汁，待用。

3. 锅入油烧热，投入肉片煸炒至松散变色，出锅。

4. 锅留油烧热，放入孜然、葱花、姜片煸炒出香味，倒入肉片炒匀，淋入调好的味汁翻炒，使味汁裹匀肉片即可。

西式炒羊肉 羊肉

原料 肥嫩羊肉500克，洋葱250克，红辣椒适量

调料 葱段、蒜末、干红椒段、粟粉、花生油、蚝油、酱油、盐各适量

做法

1. 羊肉洗净，切条。洋葱洗净，切条。红辣椒洗净，去籽、蒂，切粒。粟粉、蚝油、酱油、盐加入适量水调匀成调味汁。

2. 炒锅置旺火上，入花生油烧至五成热，下入羊肉炒散，取出装碗内。

3. 原锅倒进少量花生油置火上，下洋葱条、蒜末、葱段、干红辣椒段爆香，再放入羊肉、红辣椒粒炒匀，倒入调味汁翻匀，收汁，装盘即可。

香辣羊肉锅 羊肉

原料 羊肉750克，藕片50克

调料 调料A（葱白、生姜、蒜片、冰糖、香辣酱、干辣椒、陈皮、花椒、香叶、桂皮、八角、草果、小茴香）、调料B（莲藕干、无花果干、红枣、老抽、蚝油、生抽、料酒、盐）、葱白、生姜、料酒、老抽、盐各适量

做法

1. 锅入清水烧开，加葱白、生姜、料酒，放入羊肉块，汆烫片刻，捞出羊肉洗净血水。

2. 锅入油，放入调料A，文火煸香，再放入羊肉、藕片爆炒，烹入料酒、老抽，炒匀上色，再加入调料B炒匀。加沸水旺火煮开，转中文火慢炖1~2个小时至肉烂汤香，加盐调味，出锅装盘即可。

原料 嫩黑山羊肉300克

调料 姜末、蒜末、香菜、红尖椒圈、蒜蓉辣酱、辣妹子酱、水淀粉、食用油、红油、香油、生抽、料酒、盐各适量

做法

1. 羊肉洗净，切成薄片，放入盐、料酒、水淀粉上浆，入味后下入五成热油锅滑熟，沥油。

2. 锅留少许底油烧热，下入姜末、蒜末、红尖椒圈翻炒，放盐、蒜蓉辣酱、辣妹子酱、生抽炒匀，下入羊肉炒至入味，用水淀粉勾芡，淋红油、香油，出锅装入垫有香菜的盘中即可。

小炒黑山羊肉

生炒羊肉片

原料 羊里脊肉400克，青尖椒、红尖椒各20克

调料 姜片、蒜末、香菜、绍酒、白胡椒粉、水淀粉、豆瓣酱、盐各适量

做法

1. 羊里脊肉洗净，切片。

2. 青尖椒、红尖椒分别洗净，去蒂、籽，切片。香菜择洗干净，切成长段。

3. 锅入油烧热，放入姜片、蒜末、豆瓣酱炒出香味，再放入羊肉片，烹入绍酒爆炒至九成熟。加入青尖椒片、红尖椒片、香菜段，调入白胡椒粉、盐炒至入味，用水淀粉勾芡，出锅装盘即可。

辣子羊里脊

原料 羊里脊200克，鸡蛋清50克，冬笋丁50克

调料 葱花、姜末、蒜末、青尖椒圈、辣椒酱、水淀粉、香油、花生油、酱油、料酒、白糖各适量

做法

1. 羊里脊洗净，去筋，切丁，加鸡蛋清、水淀粉、辣椒酱拌匀浆好。

2. 锅入花生油烧热，放入里脊肉丁滑散、滑透，投入冬笋丁、青尖椒圈略炒，捞出沥油。

3. 将里脊肉丁、冬笋丁、青椒丁回锅，上火。调入料酒、酱油、白糖、葱花、姜末、蒜末颠炒，用水淀粉勾芡，淋香油，翻炒均匀即可。

参归羊排炖芸豆

羊肉

原料 羊排骨600克，芸豆200克

调料 葱段、姜片、当归、党参、女贞子、料酒、白糖、盐各适量

做法

1. 芸豆择洗干净，切段。羊排洗净，剁成段，入沸水锅中焯透，捞出。

2. 砂锅内加水，放入当归、党参、女贞子文火熬浓，捞出药料。再入羊排、葱段、姜片、料酒，文火炖至九成烂，放入芸豆、盐、白糖炖至熟透即可。

羊排炖海蟹

羊肉

原料 羊排300克，海蟹300克

调料 葱花、姜片、料酒、高汤、胡椒粉、食用油、香油、盐各适量

做法

1. 活蟹宰杀，洗净，剁小块，蟹腿用刀背敲开。小羊排在骨膜处用刀尖划一刀，按根劈开，再剁成长段，入沸水中焯烫，捞出，洗净血污。

2. 锅入油烧热，煸香葱花、姜片，加入羊排煸炒，烹入料酒、高汤，羊排炖至九成熟，加入蟹块炖熟，再加盐、胡椒粉调味，淋香油即可。

芫爆羊肚

羊肉

原料 熟羊肚500克

调料 葱末、姜末、蒜片、香菜段、胡椒粉、绍酒、食用油、香油、醋、盐各适量

做法

1. 熟羊肚洗净，切成细丝。

2. 将盐、绍酒、胡椒粉、醋调成味汁。

3. 锅入油烧热，放入葱末、姜末、蒜片爆香，加入羊肚丝、香菜段，烹入调好的味汁，快速翻炒，淋香油，出锅装盘即可。

酸菜炖羊肚

羊肉

原料 熟羊肚400克，酸菜300克

调料 葱末、姜末、蒜末、胡椒粉、香油、料酒、食用油、盐各适量

做法

1. 熟羊肚洗净，切成丝，放入沸水中稍余，捞出，沥干水分。酸菜洗净，切丝。

2. 锅入油烧热，放入葱末、姜末、蒜末、羊肚丝、酸菜丝煸香，烹入料酒，加水烧开，调入盐、胡椒粉稍煮，淋香油即可。

姜丝炒兔丝

原料 兔肉300克，姜丝100克，蛋清1个

调料 胡椒粉、干辣椒丝、猪油、水淀粉、料酒、盐各适量

做法

1. 兔肉洗净，切成丝，加盐、料酒、水淀粉、蛋清抓匀上浆。

2. 锅入油烧热，放入兔丝滑熟，捞出沥油。另起锅加油烧热，放入姜丝、干辣椒丝爆香。

3. 把兔丝放入锅中，加入盐、胡椒粉调味，用水淀粉勾芡，翻炒均匀，出锅即可。

枸杞炖兔肉

原料 兔肉300克

调料 枸杞、盐、姜片各适量

做法

1. 兔肉洗净，切成小块。

2. 兔肉、枸杞、姜片同入砂锅中，加适量水，用武火烧沸，转文火慢炖至兔肉熟烂，加入盐调味即可。

功效 滋养肝肾，补益气血，能有效预防肝肾亏虚，止痛经。

酸辣兔肉丁

原料 净兔肉300克，水发香菇块50克

调料 葱花、红辣椒圈、胡椒粉、清汤、植物油、辣椒油、水淀粉、醋、酱油、料酒、盐各适量

做法

1. 兔肉洗净，切丁，用盐、胡椒粉、水淀粉上浆，下入四成热油中滑熟，捞出，沥油。

2. 锅入油烧热，倒入清汤、料酒、酱油，下入水发香菇块、红辣椒圈煸炒，下兔肉丁、醋、盐、葱花炒匀，用水淀粉勾芡，淋入辣椒油，装盘即可。

青萝卜炖野兔

原料 野兔400克，青萝卜50克

调料 葱花、姜片、干辣椒段、花椒、胡椒粉、酱油、料酒、盐各适量

做法

1. 野兔洗净，切块，焯水。青萝卜洗净，切滚刀块。

2. 锅入油烧热，放入干辣椒段、葱花、姜片、花椒爆锅，倒入野兔肉，加酱油、青萝卜块、盐翻炒均匀，加入适量清水，慢火烧至野兔肉熟烂、汤汁浓稠，撒胡椒粉，出锅即可。

马蹄炒仔鸭 （鸭肉）

原料 鸭子500克，马蹄150克

调料 姜片、蒜片、干辣椒段、食用油、酱油、料酒、白糖、盐各适量

做法

1. 鸭子清洗干净，切成小块。马蹄洗净，去皮，切小块。

2. 锅入食用油烧热，放入鸭子翻炒至水干，盛出备用。

3. 原锅留油烧热，放入姜片、蒜片、干辣椒段、酱油、料酒炒香，加盐、白糖调味，放入鸭块、马蹄块炒熟即可。

特点 滑软脆嫩，鲜咸香辣。

砂锅三干焖鸭 （鸭肉）

原料 鸭肉400克，茄子干、土豆干、黄瓜干各30克

调料 葱段、姜片、蒜片、香菜段、豆瓣酱、八角、干辣椒段、豆油、高汤、盐各适量

做法

1. 鸭肉洗净，斩成方块。茄子干、土豆干、黄瓜干洗净，泡发，沥水备用。鸭肉、葱段、姜片入锅煮制10分钟，捞出控干水分。

2. 锅入油烧热，炒香葱段、姜片、八角、干辣椒段，放入鸭块煸炒至水干，再加入豆瓣酱、高汤、盐烧开。倒入高压锅中，中火压15分钟。

3. 将其倒入炒锅，加入茄子干、土豆干、黄瓜干、香菜段文火煨3分钟，改旺火收汁，放蒜片出锅。

紫油姜炒鸭 （鸭肉）

原料 鸭肉400克，仔姜100克

调料 姜片、蒜片、香菜段、干辣椒段、酱油、食用油、白糖、盐各适量

做法

1. 鸭肉洗净，切块，放入沸水锅中焯水，捞出，洗净血污，冷水冲凉。

2. 仔姜去皮，洗净，切成片。

3. 锅入油烧热，放入姜片、蒜片、干辣椒段爆香，下入鸭肉爆炒，调入盐、酱油炒至出油。

4. 放入仔姜一起翻炒，文火焖5分钟，最后放少许白糖，撒香菜段，翻炒均匀即可。

湘版麻辣鸭

原料 水鸭400克,红尖椒圈50克

调料 姜片、蒜片、六门闸豆瓣、花椒粉、茶油、白酒、蚝油、盐各适量

做法

1. 水鸭洗净,剁小块,放入热油锅中炒干水,盛出备用。

2. 锅入茶油烧热,下炒好的鸭块爆炒,喷白酒,翻炒均匀,盛出。

3. 锅留油烧热,炒香姜片,放入六门闸豆瓣炒至出汁,倒入鸭块翻炒至入味,放入蒜片、红尖椒圈、盐调味,淋蚝油,撒花椒粉,炒匀即可。

提示 麻鸭、湖鸭腥味重,不适合做这个口味。

麻辣鸭血

酸菜鸭血锅

原料 鸭血400克

调料 葱花、姜末、蒜末、辣椒油、胡椒粉、醋、酱油、食用油、盐各适量

做法

1. 鸭血洗净,切方丁,入沸水锅中汆烫至熟透,捞出,沥干水分。

2. 盐、醋、辣椒油、酱油、胡椒粉放入碗内调成麻辣味汁。

3. 锅入油烧热,放入葱花、姜末、蒜末爆香,烹入调好的麻辣味汁,再放入鸭血块,旺火翻炒,收汁,出锅即可。

原料 鸭血300克,酸菜、肉片、杏鲍菇各80克

调料 蒜苗段、火锅底料、胡椒粉、清汤、食用油、盐各适量

做法

1. 鸭血洗净,切厚片,放入沸水中汆烫,去杂质后,捞起,沥干水分。

2. 酸菜洗净,切段。杏鲍菇洗净,切片。肉片洗净,备用。

3. 锅入清汤烧开,放火锅底料煮开,捞出碎渣,加盐、胡椒粉调成麻辣汤。

4. 锅入油烧热,放入肉片煸炒,倒入麻辣汤,再放入鸭血片、酸菜段、杏鲍菇片烧开,撒蒜苗段即可。

椒丝炒鸭肠 〔鸭肉〕

原料 鸭肠500克，青椒丝50克

调料 葱丝、青蒜段、香油、红辣椒油、食用油、醋、酱油、料酒、盐各适量

做法

1. 鸭肠洗净，用根小线绳从肠子中间系上，放在盆里，加盐、醋浸泡片刻，并用手慢慢揉搓至浮出白泡沫，用水洗净。

2. 洗净的鸭肠放入沸水锅中焯水，至颜色变白，捞出，冷水冲凉，切段，再放入沸水里烫一下，沥干水分待用。

3. 青椒丝、青蒜段、葱丝混合，加入料酒、酱油、盐、醋调成味汁。锅入油烧热，加入调好的味汁、鸭肠，颠炒，淋红辣椒油、香油即可。

熏拌鸭肠 〔鸭肉〕

原料 熟熏鸭肠500克

调料 蒜末、香菜段、红辣椒、辣鲜露、红油、白糖、盐各适量

做法

1. 熟熏鸭肠洗净，切丝。

2. 红辣椒洗净，切丝。

3. 鸭肠丝、红辣椒丝、香菜段盛入盘中，加入红油、蒜末、辣鲜露、白糖、盐调味拌匀即可。

功效 鸭肠有补肾壮阳之功效，尤以公鸭肠为佳，可洗净后炖熟食用。

干烧鸭肠 〔鸭肉〕

原料 鸭肠500克，猪肥膘肉200克

调料 葱段、干辣椒、红油、香油、色拉油、生抽、绍酒、白糖、盐各适量

做法

1. 鸭肠洗净，切段，入沸水中焯烫，捞出，沥干水分。

2. 猪肥膘肉洗净，切成肉丁。干辣椒洗净，切丝备用。

3. 锅入油烧至七成热，下入肥膘肉丁、干辣椒丝、葱段炒出香味，再放入鸭肠段、白糖、生抽、香油、红油、盐、绍酒煸炒至入味，出锅装盘即可。

原料 鸭肠300克，土豆条100克

调料 葱末、姜末、蒜末、胡椒粉、香菜段、辣椒、花椒、食用油、水淀粉、醋、酱油、料酒、清汤、盐各适量

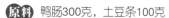
非常辣鸭肠 （鸭肉）

做法

1. 鸭肠洗净，加盐、醋浸泡，并用手慢慢揉搓至浮出白泡沫，用水洗净，焯水，至颜色变白，冷水冲凉，切段，再用沸水略烫，沥干水分待用。

2. 土豆条入热油锅炸至呈金黄色，捞出控油。

3. 将酱油、水淀粉、料酒、醋、胡椒粉、清汤调成汁。锅入油烧热，爆香葱末、姜末、蒜末、花椒、辣椒，放入鸭肠翻炒，倒入兑好的汁，旺火翻炒均匀，撒香菜段，出锅装盘即可。

香辣鸭脖 （鸭肉）

茶香熏鸭心 （鸭肉）

原料 鸭脖500克，洋葱块、黄瓜条各50克

调料 调料A(葱段、姜片、料酒、盐)、调料B(葱段、姜片、蒜末、干辣椒节、花椒、香辣酱、豆豉)、调料C(料酒、芝香油、熟芝麻、酥花生仁碎、盐)、食用油、卤水各适量

做法

1. 鸭脖洗净，放入调料A拌匀，腌渍15分钟，再放入卤水中卤至入味，捞出凉凉，斩段。

2. 锅入油烧至七成热，放入鸭脖炸至酥香，捞出沥油。

3. 锅留底油烧热，放入调料B炒香，下鸭脖、洋葱块、黄瓜条炒匀，再放入调料C煸炒，出锅装盘即可。

原料 鸭心400克

调料 姜片、蒜片、白胡椒、茶叶、香油、料酒、白糖、盐各适量

做法

1. 鸭心洗净，焯水，捞出，洗净血污，加水、盐、料酒、白胡椒、姜片、蒜片等调料腌渍30分钟至入味。

2. 鸭心连同调料一起放进蒸锅中蒸制30分钟，除去调料杂质，备用。

3. 在平底锅中放入锡箔小纸盒，加入白糖、茶叶，再在上面搭好架子。在搭好的架子上放好鸭心，盖上锅盖，开旺火至冒烟，转为文火熏1分钟，取出抹香油即可。

油爆菊花鸭胗 （鸭肉）

原料 鸭胗300克，笋片、胡萝卜片各50克，蛋清30克

调料 葱末、姜末、蒜泥、红辣椒圈、花椒、水淀粉、植物油、香油、醋、料酒、盐各适量

做法

1. 鸭胗洗净，切成菊花状，加盐、蛋清、水淀粉抓匀上浆。

2. 葱末、姜末、料酒、盐、醋、香油、水淀粉调成芡汁。

3. 锅入油烧热，入鸭胗炸至八成熟，捞出沥油。

4. 锅留底油烧热，下入蒜泥、花椒炒香，再入鸭胗、笋片、胡萝卜片，倒入芡汁，用旺火翻炒，撒上红辣椒圈，淋香油即可。

辣酱鸭胗 （鸭肉）

原料 鸭胗400克

调料 葱花、葱段、姜片、蒜片、泡椒、八角、花椒、黑胡椒、青尖椒段、红尖椒段、泰式酸辣酱、醋、生抽、酱油、料酒、白糖、盐各适量

做法

1. 鸭胗洗净，放入锅中，加姜片、葱花、料酒、八角、花椒煮制10~15分钟，捞出，切花刀。

2. 泡椒去籽，切丝。将泰式酸辣酱、醋、酱油、生抽、白糖、盐调制成酱汁。

3. 锅入油烧热，放入葱花、姜片、蒜片、泡椒丝爆香，倒入鸭胗花翻炒2~3分钟。加入酱汁炒匀，倒入水、青尖椒段、红尖椒段、葱段翻炒，加盐、黑胡椒调味，出锅装盘即可。

泡椒炒鸭胗 （鸭肉）

原料 鸭胗300克，青辣椒、红辣椒各50克，水发木耳20克

调料 葱花、姜片、野山椒、料酒、白糖、食用油、盐各适量

做法

1. 鸭胗洗净，切片，入热油锅中略炸，捞出沥油。青辣椒、红辣椒分别洗净，切条。木耳洗净，撕小朵。

2. 锅入油烧热，放入葱花、姜片、野山椒、料酒爆锅，放入青红椒条、木耳翻炒均匀。

3. 用盐、白糖调味，加入鸭胗片，旺火爆炒，出锅装盘即可。

原料 鲫鱼500克

调料 葱段、香菜段、植物油、醋、酱油、料酒、盐各适量

1. 鲫鱼处理干净（带鳞），改刀成片。将料酒、盐抹在鱼身上，腌渍10分钟。

2. 锅入油烧至七分热，放入鲫鱼炸硬，再改用文火炸至外酥内熟、呈金黄色，捞出，沥油。

3. 原锅留余油烧热，放入葱段炸至呈金黄色，捞出，备用。

4. 另起锅入油，烹入料酒、醋、酱油，放入鲫鱼、葱段，急火煸炒，撒香菜段，出锅即可。

葱黄鲫鱼

生炒鲫鱼

原料 鲫鱼2条，熟笋片10克，鸡蛋清1个，水发木耳50克

调料 葱段、青椒丝、鲜汤、水淀粉、色拉油、醋、酱油、白糖、盐各适量

1. 鲫鱼宰杀，剔下肉，片成大片，加盐、鸡蛋清、水淀粉上浆。木耳撕小朵，备用。

2. 锅入油烧至四成热，倒入处理好的鲫鱼片滑油，捞出控油。

3. 锅留少许油，放入熟笋片、青椒丝、葱段略炒，加入少许鲜汤，用盐、酱油、白糖、醋调味，旺火烧开，用水淀粉勾芡，倒入鱼片、木耳炒匀，装盘即可。

土鲢鱼炖霉豆腐

原料 鲜鲢鱼1条，霉豆腐块100克，番茄片50克

调料 香菜末、胡椒粉、高汤、三花淡奶、猪油、盐各适量

1. 鲢鱼宰杀，洗净，切成大块。

2. 锅入油烧至六成热，放入鲢鱼块，煎至两面呈金黄色，倒入高汤烧开。放入霉豆腐块，依次加入盐、胡椒粉、三花淡奶、番茄片，文火炖10分钟左右，淋上明油，撒香菜末，装盘即可。

砂锅酸菜鱼 水产

原料 草鱼500克，酸菜100克，番茄50克

调料 葱花、姜末、蒜泥、野山椒、胡椒粉、浓白汤、熟猪油、红油、水淀粉、盐各适量

做法

1. 草鱼洗净，片成大片，水淀粉上浆，焯水。番茄洗净，切成片。

2. 酸菜洗净，切片，用熟猪油煸香，装入砂锅，加入浓白汤、番茄片、野山椒烧沸，放入盐调味。铺上草鱼片，撒上蒜泥、葱花、姜末、胡椒粉，淋上加热的红油即可。

提示 草鱼片上浆后要嫩。鱼肉用也可以蛋清腌渍。喜欢辣的可以多放辣椒。酸菜煸制要煸香。

五柳开片青鱼 水产

原料 青鱼500克，胡萝卜50克，柿子椒50克

调料 葱丝、姜丝、干红辣椒丝、水淀粉、花生油、醋、白糖各适量

做法

1. 青鱼处理干净，鱼肉用刀剃下，在鱼身两侧剞一字形花刀。放入沸水锅中煮熟，捞出沥干水分，剥净皮，放在盘中。

2. 把胡萝卜、柿子椒洗净，分别切细丝。

3. 白糖、醋、水淀粉调成味汁。

4. 锅入油烧热，放入胡萝卜丝、柿子椒丝、葱丝、姜丝、干红辣椒丝稍炒，烹入调好的味汁炒熟，浇在鱼身上即可。

嫩香鱼蛋饼 水产

原料 青鱼肉300克，鸡蛋1个

调料 葱末、奶油、番茄酱各适量

做法

1. 青鱼肉洗净，煮熟，在碗内研碎成泥。

2. 鸡蛋打散，备用。

3. 鸡蛋、鱼泥、葱末搅拌均匀，制成鱼蛋泥，捏制成小圆饼。

4. 用平底锅将奶油烧化，放入捏好的小圆饼煎熟，淋上番茄酱即可。

功效 蛋饼含有宝宝生长发育所需的优质蛋白质、脂肪及多种营养素，常食可以强壮身体。

紫龙脱袍 水产

(原料) 鳝鱼500克，冬笋丝50克，香菇丝30克，鸡蛋1个

(调料) 葱丝、姜丝、红菜椒丝、香菜段、白胡椒粉、干淀粉、植物油、料酒、盐各适量

(做法)

1. 鳝鱼去皮，去骨，净膛洗净，切丝，加蛋液、干淀粉抓拌上浆。

2. 锅入油烧至五成热，放入腌渍好的鳝鱼丝滑散，捞出沥油。

3. 锅重新入油烧至七成热，爆葱丝、姜丝，再加入鳝鱼丝、冬笋丝、红菜椒丝、香菇丝翻炒均匀，烹入料酒、盐调味，撒白胡椒粉、香菜段，翻炒均匀，出锅装盘即可。

锅巴鳝鱼 水产

(原料) 鳝鱼400克，锅巴100克

(调料) 青椒、红椒、酱油、料酒、盐各适量

(做法)

1. 鳝鱼处理干净，切段。锅巴掰成块。青椒、红椒分别洗净，切长条。

2. 锅入油烧热，放入鳝鱼翻炒至八成熟，倒入锅巴、青椒条、红椒条翻炒均匀，炒熟。加入盐、酱油、料酒调味，起锅装盘即可。

(特点) 味美醇和，汤色红亮，上菜即食，入口即化，营养佳肴。

辣椒炒黄鳝 水产

(原料) 黄鳝400克，青尖椒50克

(调料) 姜片、蒜片、干红辣椒段、胡椒粉、植物油、料酒、盐各适量

(做法)

1. 黄鳝去骨，洗净，切段，余水。青尖椒洗净，切菱形片。

2. 锅入油烧热，爆香姜片、蒜片、干红辣椒段，放入黄鳝片、青尖椒翻炒，烹入料酒，待辣椒变色，溜入适量的水，用盐、胡椒粉调味，起锅装盘即可。

(功效) 黄鳝能补气益血，强筋骨，去风湿，止血，是药膳的好材料。

红烧鳝段 水产

原料 黄鳝500克,五花肉、香菇50克,香菜末10克

调料 葱段、姜片、蒜瓣、高汤、胡椒粉、花生油、香油、醋、酱油、料酒、白糖、盐各适量

做法

1. 鳝鱼宰杀洗净,切段,用料酒腌制入味。五花肉切火镰片。蒜瓣切去两端。

2. 锅入花生油烧至八成热,放入鳝段炸约1分钟捞出。

3. 锅留底油,把蒜瓣煸至呈金黄色。下五花肉片炒熟,再加入葱段、姜片、料酒、盐、酱油、白糖、香菇,加高汤,下鳝段,转文火焖至鱼熟。拣出葱段、姜片,撒胡椒粉,淋上醋、香油出锅装盘,撒香菜末即可。

毛豆烧鱼乔 水产

原料 鱼乔(即小鳝鱼)400克,鲜毛豆200克

调料 青红杭椒丁、郫县豆瓣酱、料酒、色拉油各适量

做法

1. 鱼乔去内脏,切成寸段,入沸水汆水1分钟。毛豆汆水半分钟,捞出待用。

2. 锅入油烧至六成热,下入鱼乔、毛豆略炒,捞出控油。

3. 净锅入色拉油,烧至六成热,下入郫县豆瓣酱、青红杭椒丁旺火煸出香味,加鱼乔、毛豆、水,文火烧约5分钟至汤汁浓稠,烹入料酒,翻炒均匀,出锅装盘即可。

干烧带鱼 水产

原料 带鱼600克,猪50克,榨菜30克

调料 豆瓣酱、干辣椒丝、香油、香菜末、酱油、白糖、醋、葱末、姜末、蒜末、植物油、料酒、盐各适量

做法

1. 带鱼洗净,斩成长段。猪肉、榨菜均切成细丁。

2. 锅入植物油烧至八成热,放入带鱼,分次炸至外皮略硬,捞出。

3. 锅留油重新上火,加香油,油沸时下入干辣椒丝煸炒出香辣味,接着放豆瓣酱、葱末、姜末、蒜末炒香,再下入肉丁、榨菜丁炒散,加入料酒、酱油、白糖、醋、盐、带鱼及水烧开,收汁后出锅装盘,撒香菜末即可。

原料 带鱼600克

调料 葱花、姜片、蒜片、香菜末、胡椒粉、生粉、生抽、老抽、盐、食用油各适量

做法

1. 带鱼洗净，去内脏，切段，用盐、胡椒粉腌制入味。鱼身两面拍生粉，入热油锅炸至两面呈金黄色，捞出控油。

2. 锅入食用油烧热，放入葱花、姜片、蒜片爆香，倒入小半碗水，烹入适量生抽，滴几滴老抽上色。中火收汁，出锅装盘，撒香菜末即可。

特点 色泽红润油亮，味道浓郁略带醋香，口味咸鲜微甜微酸，饮酒下饭味道鲜美。

家常烧带鱼

剁椒腐竹蒸带鱼

腊味蒸带鱼

原料 鲜带鱼500克，腐竹100克

调料 姜丝、剁椒酱、料酒、盐各适量

做法

1. 鲜带鱼宰杀洗净，切段，加料酒、姜丝、盐腌制入味。腐竹洗净，用温水泡发，切段。

2. 腐竹摆放盘底，上面放少许剁椒酱，再把带鱼排在上面，表面放剁椒酱、姜丝、料酒。

3. 蒸锅内注入沸水，盘入蒸锅，中火蒸10分钟左右出锅即可。

提示 带鱼尽量选新鲜的，块越大越好。剁椒本身有咸味，口味轻者，盐可以不加。

原料 鲜带鱼600克，腊肠、泡发梅干菜各70克

调料 蒜末、青红辣椒、老干妈豆豉辣酱、蒸鱼豉油、黄酒、白糖、盐各适量

做法

1. 鲜带鱼剪掉头部，去除内脏后切段。泡发梅干菜清洗干净，沥干水分。梅干菜平铺在盘中，把带鱼段放在梅干菜上面。

2. 腊肠切成小粒。青红辣椒去蒂，切小块。蒜末放入碗中，加入老干妈豆豉辣酱、蒸鱼豉油、黄酒、盐、白糖，充分搅拌后倒在带鱼上面。

3. 蒸锅入水，旺火煮沸后，将鱼放入，用旺火持续隔水蒸12分钟，取出装盘即可。

香辣银鱼干 水产

原料 银鱼干300克

调料 葱花、姜末、蒜末、辣椒酱、料酒、干辣椒、盐、食用油各适量

做法

1. 干辣椒洗净，去籽，切末。银鱼干洗净，用厨房专用纸吸干表面的水分。

2. 锅入食用油烧热，放入银鱼干，用文火将其炒至酥脆、呈金黄色。烹入料酒炒匀，放入姜末、蒜末、干辣椒末、辣椒酱，炒出辣香味。

3. 加入适量的盐调味，再放入葱花炒匀，出锅装盘即可。

功效 银鱼营养价值颇高，富含钙，磷等矿物质，而且味道十分鲜美。

雨花干锅鱼 水产

原料 江东鲈鱼750克，雨花石15个

调料 姜片、炸蒜片、高汤、芹菜条、干锅酱、生粉、水淀粉、色拉油、猪油、料酒、盐各适量

做法

1. 鲈鱼宰杀，洗净，切瓦片块，加盐、料酒调味，拍生粉，下热油锅，炸至呈金黄色，捞出。

2. 雨花石用烧至五成热的色拉油文火炸热，放入砂锅中。

3. 净锅入猪油烧至七成热，放入姜片、芹菜条、炸蒜片、干锅酱爆香，倒入高汤、炸酥的鱼块，烹入料酒，烧至熟透入味，用水淀粉勾芡，装入烧过的砂锅中，上桌即可。

干锅鱼 水产

原料 草鱼600克

调料 姜片、蒜片、香菜、红椒圈、料酒、高汤、生抽、老抽、蚝油、料酒、盐各适量

做法

1. 草鱼宰杀，洗净，切厚片，用料酒、生抽、老抽、蚝油、盐腌制2小时。

2. 将姜片、蒜片放入砂锅内，放入腌好的鱼片，加入高汤、盐。先用旺火烧约3分钟，再用文火烧15分钟，撒香菜、红椒圈，上桌即可。

特点 鱼肉很嫩，味道很鲜，油滋滋地烧着，香气扑鼻。

杭椒鱼炒虾 水产

原料 净草鱼肉200克，河虾仁200克，青杭椒、红杭椒各50克，水发木耳20克

调料 葱花、姜片、胡椒粉、蛋清、淀粉、食用油、料酒、盐各适量

做法

1. 净草鱼肉洗净，片成片。河虾仁洗净，去沙线。青红杭椒斜切段。木耳撕小朵。

2. 鱼片、河虾仁加盐、料酒、蛋清、淀粉上浆，入温食用油锅中滑散、滑熟倒出。

3. 锅留油烧热，放入葱花、姜片、青红杭椒段、料酒爆锅，放入鱼片、河虾仁，用盐、胡椒粉调味，翻炒均匀，出锅装盘即可。

虾仁辣白菜 水产

腰果炒虾仁 水产

原料 虾仁200克，白菜200克

调料 葱花、姜片、香菜末、干辣椒段、食用油、辣椒油、盐各适量

做法

1. 白菜洗净，撕成小块。将虾仁洗净，去掉沙线，放入沸水锅中焯烫，捞出待用。

2. 锅入食用油烧热，倒入干辣椒段、葱花、姜片煸炒出香味，再倒入白菜、盐、虾仁翻炒，淋辣椒油，撒香菜末，翻匀出锅装盘即可。

特点 辣香浓郁。

原料 虾仁300克，炸腰果仁30克，火腿丁20克

调料 葱花、姜片、蒜片、青红椒丁、淀粉、水淀粉、蛋清、食用油、香油、料酒、盐各适量

做法

1. 虾仁洗净，去沙线，用盐、料酒、淀粉、蛋清上浆，入温油锅中滑熟，捞起控油。

2. 锅入食用油烧热，放入葱花、姜片、蒜片、料酒爆香，再放入青红椒丁、火腿丁、虾仁，加入盐调味，用水淀粉勾芡，淋香油，撒上腰果，翻匀出锅装盘即可。

功效 具有滋补肝肾、增强体力、改善腰膝酸软、遗精的功效。

虾仁炒干丝　水产

原料 虾仁200克，干丝200克

调料 葱花、姜片、香菜段、胡椒粉、食用油、香油、料酒、盐各适量

做法

1. 虾仁洗净，和干丝入沸水锅中焯水，捞出，沥干水分。

2. 锅入食用油烧热，将葱花、姜片、料酒爆香，放入虾仁、干丝、盐、胡椒粉翻炒入味，淋香油，炒匀，撒香菜段出锅装盘即可。

茴香辣茄炒虾仁　水产

原料 虾仁300克，韭菜100克，蕃茄片20克

调料 干辣椒丝、橄榄油、鱼露、茴香辣茄腌酱、茴香粉、椰糖、盐各适量

做法

1. 虾仁洗净，去沙线，沥干水分。将茴香辣茄腌酱加椰糖，拌至椰糖溶化。

2. 虾仁放入茴香辣茄腌酱中，腌制5分钟。韭菜洗净，切段。

3. 锅入橄榄油烧热，放入干辣椒丝、韭菜段、番茄片、鱼露炒香，再放入腌好的虾仁，加盐调味，炒至表面变红熟透，出锅装盘即可。

松仁河虾球　水产

原料 河虾仁300克，青豆10克，熟松子10克

调料 葱花、姜片、枸杞、淀粉、蛋清、食用油、香油、水淀粉、料酒、盐、水淀粉各适量

做法

1. 河虾仁洗净，挑去沙线，加入盐、料酒、淀粉、蛋清上浆，入温油锅中滑熟，捞出控油。

2. 锅入食用油烧热，烹入料酒，葱花、姜片爆香，放入河虾仁、青豆、枸杞，加盐调味，用水淀粉勾芡，撒熟松子，淋香油，出锅即可。

糟卤河虾　水产

原料 活河虾500克

调料 花椒、酒糟卤、绍酒、白糖、盐各适量

做法

1. 河虾洗净，沥干，在绍酒中浸泡10分钟，捞出备用。

2. 锅入少许水，加盐、花椒、白糖烧开，待冷却后加入酒糟卤，调成腌虾卤汁。

3. 将河虾倒入调制好的腌虾卤汁中浸泡2~3小时，食用时装盘即可。

辣子鸿运虾 （水产）

原料 新鲜大虾300克，川椒节10克，芹菜条10克

调料 葱花、姜片、蒜片、脆炸粉、料酒、色拉油、盐各适量

做法

1. 大虾去头，去沙线，放入盆中，加葱花、姜片、料酒、盐腌渍8分钟。

2. 腌好味的大虾裹上一层脆炸粉，下入六成热的色拉油锅中，文火炸至呈金黄色，捞出沥油。

3. 锅留油烧热，放入川椒节、姜片、蒜片、葱花爆香，下入大虾、芹菜条，旺火煸炒均匀，出锅即可。

观音茶炒虾 （水产）

原料 鲜虾400克，铁观音茶20克

调料 葱花、姜片、青红椒丁、胡椒粉、食用油、生抽、料酒、白糖、盐各适量

做法

1. 鲜虾洗净，去沙线，用盐、胡椒粉、姜片、料酒腌制，入热油锅中炸至呈金黄色，捞出。

2. 茶叶泡发，沥干水。锅入食用油烧热，文火将茶叶炒酥，捞出沥油。

3. 锅留油烧热，加入葱花、姜片、青红椒丁、料酒爆香，放入虾、茶叶，用盐、生抽、胡椒粉、白糖调味，翻匀，撒葱花出锅即可。

平锅鲜虾土豆 （水产）

原料 鲜虾300克，土豆丁100克，红杭椒丁20克

调料 葱花、姜片、蒜片、干辣椒、香油、辣椒油、生抽、料酒、白糖、盐、食用油各适量

做法

1. 虾洗净，去沙线，加料酒、盐腌制10分钟。

2. 锅入食用油烧热，放入虾翻炒至呈金黄色，捞出。土豆丁倒入锅里，翻炒至金黄变酥，捞出。

3. 锅留油烧热，下葱花、姜片、蒜片、干辣椒炒香。重新倒入虾、土豆丁、红杭椒丁，加生抽、白糖、盐炒匀，淋辣椒油、香油，翻匀出锅即可。

小炒白虾 （水产）

原料 小白虾300克

调料 葱段、红杭椒圈、椒盐、食用油、料酒、盐各适量

做法

1. 小白虾洗净，加盐、料酒腌制，入热油锅内炸至呈金黄色，捞出控油。

2. 锅入食用油烧热，放入葱段、红杭椒圈、料酒爆香。

3. 加入炸好的小白虾，撒椒盐，翻匀出锅即可。

砂锅胡椒虾 （水产）

原料 鲜虾400克

调料 蒜末、奶油、黑胡椒颗粒、黑胡椒粉、肉桂粉、鸡粉、蚝油、胡香油、米酒、盐各适量

做法

1. 黑胡椒颗粒、肉桂粉、鸡粉混合成调味粉。将鲜虾洗净，擦干水分，入热油锅中炸熟，捞出沥油。

2. 净锅入胡香油烧热，蒜末爆香，加入蚝油炒香，熄火后加入黑胡椒粉拌匀，再开火倒入米酒煮开，放入鲜虾炒拌均匀。

3. 起锅倒入砂锅中，盖上锅盖，以小文火焖烧5分钟至酒收干，再开盖加入调味粉、奶油，熄火拌炒至出油即可。

麻辣虾 （水产）

原料 鲜虾400克

调料 姜片、蒜片、干红椒段、青椒段、泡椒酱、花椒、麻椒、酱油、料酒、白糖、盐各适量

做法

1. 鲜虾洗净，去沙线，沥干水分。

2. 锅入油烧热，将姜片、蒜片爆香。转文火，再放干红椒段、花椒、麻椒、泡椒酱炒至有红油流出。

3. 鲜虾和青椒段放入锅中快炒，下酱油、料酒、盐、白糖调味后，翻匀出锅装盘即可。

功效 营养价值极高，能增强人体的免疫力和性功能，补肾壮阳，抗早衰。

香辣脆皮明虾 （水产）

原料 鲜虾500克

调料 葱末、姜末、蒜末、特制香辣酱、淀粉、低筋面粉、泡打粉、料酒、胡椒粉、香油、红油、花生油、白糖、盐各适量

做法

1. 鲜虾洗净，去虾线，加入盐、料酒、胡椒粉腌制。低筋面粉、淀粉、泡打粉、花生油加水调成脆浆糊。

2. 锅入花生油烧至五成热，虾裹脆浆糊，入油锅炸至定型，捞出。复炸至色泽呈淡黄色，捞出。

3. 锅入红油烧热，放葱末、姜末、蒜末、特制香辣酱炒香，倒入炸好的脆皮虾，烹料酒、白糖，淋香油，颠翻均匀，起锅装盘即可。

原料 基围虾300克

调料 葱花、姜片、蒜片、干红辣椒、豆豉、生抽、食用油、辣椒油、白糖、盐各适量

做法

1. 基围虾洗净，去沙线，入六成热油锅中炸一下，捞出控油。

2. 锅入食用油烧热，放入葱花、姜片、蒜片、豆豉、干红辣椒段爆香，放入基围虾、盐、白糖、生抽旺火翻炒，收汁，淋辣椒油，出锅即可。

特点 麻辣鲜香，色泽红亮，质地滑嫩。

豉辣口味虾　水产

多味炒蟹钳　水产

回锅肉炒蟹　水产

原料 深海蟹钳300克

调料 葱末、姜末、蒜末、香菜末、豆瓣酱、豆豉、生抽、辣椒油、糖、盐、食用油各适量

做法

1. 蟹钳洗净，用刀拍一下，放沸水锅中焯水，捞出沥干水分。

2. 锅入油烧热，放入葱末、姜末、蒜末、豆瓣酱、豆豉、生抽爆香，放入蟹钳，加生抽、糖、盐调味，翻炒5分钟至蟹钳熟透，淋辣椒油，撒香菜末出锅装盘即可。

功效 蟹钳乃食中珍味，素有"一盘蟹，顶桌菜"的民谚。它不但味美，且营养丰富，是一种高蛋白的补品。

原料 肉蟹400克，带皮五花肉200克

调料 葱末、姜末、蒜末、豆瓣酱、老干妈辣酱、豆豉酱、五香粉、辣椒油、色拉油、料酒、白糖各适量

做法

1. 肉蟹洗净，壳剥离，将蟹肉剁块备用。带皮五花肉放沸水锅中，旺火煮至六成熟，取出切片。

2. 锅入色拉油烧六成热，放蟹块大火滑1分钟，捞出控油。五花肉放入锅内煸炒成灯盏状，放漏勺控油。

3. 锅留油烧热，放葱末、姜末、蒜末、豆瓣酱、老干妈酱、料酒爆香，再放蟹块、五花肉、白糖、五香粉调味翻炒，淋辣椒油，翻匀出锅即可。

啤酒香辣蟹 水产

原料 螃蟹400克，洋葱粒10克

调料 姜片、蒜片、花椒粒、干辣椒段、辣酱、生粉、辣椒油、啤酒、白糖、盐、食用油各适量

做法

1. 螃蟹洗净后斩件，撒些生粉立即入油锅炸至变色，捞出控油。

2. 锅入食用油烧热，放蒜片、姜片爆香，再下花椒粒、干辣椒段炒出香味。

3. 随后下辣酱、洋葱粒炒香，再放入螃蟹，倒入适量啤酒，放辣椒油、盐、白糖调味，旺火烧制入味，出锅装盘即可。

麻辣蛏子 水产

原料 蛏子400克

调料 姜丝、香葱末、干辣椒丝、花椒、食用油、白酒、醋、生抽、白糖、各适量

做法

1. 蛏子洗净，入沸水锅中煮熟，去壳取肉，去掉杂质，冲凉控水备用。

2. 锅入食用油烧热，用姜丝、花椒、干辣椒丝爆锅，放入蛏子、生抽、白酒翻炒片刻，放入少许水，加入醋、白糖翻炒收汁，撒香葱末，出锅即可。

提示 一般人群均可食用，最适宜结核病、糖尿病、干燥综合征、烦热口渴、醉酒者食用。

干煸龙须 水产

原料 鱿鱼爪300克，芹菜50克

调料 姜丝、干辣椒段、花椒、食用油、白糖、盐各适量

做法

1. 鱿鱼爪洗净，切成条，入沸水锅中焯水，捞出控干水分。芹菜洗净，切条，沸水焯烫一下，捞出。

2. 锅入油烧热，加姜丝、花椒、干辣椒段爆锅。

3. 放入鱿鱼爪煸炒，用盐、白糖调味，最后放芹菜条，旺火翻炒均匀，出锅装盘即可。

原料 鲜鱿鱼200克，泡菜丁50克，香菇丁50克，冬笋丁50克，猪肉丁50克

调料 蒜末、干辣椒碎、猪油、水淀粉、香油、酱油、料酒、鸡汤、盐、食用油各适量

做法

1. 鲜鱿鱼宰杀洗净，改刀切片，入沸水锅中，加料酒、酱油汆一下，捞出控水。

2. 锅入食用油烧至六成热，放入猪肉丁、冬笋丁、香菇丁、泡菜丁、干辣椒碎、蒜末炒出香味。

3. 加入盐、料酒、酱油、鸡汤调好味，下入鱿鱼烧入味，用水淀粉勾芡，淋香油，翻匀，出锅装盘即可。

酸辣鱿鱼片 （水产）

干鱿炒烟笋 （水产）

原料 水发干鱿鱼300克，烟笋100克

调料 葱末、姜末、香菜段、干辣椒丝、辣椒油、食用油、料酒、白糖、盐各适量

做法

1. 水发干鱿鱼洗净，切成条。烟笋入沸水锅中加料酒煮一会，捞出，切成宽条。

2. 锅入食用油烧热，加入葱末、姜末、干辣椒丝、料酒爆锅，放入干鱿鱼条、烟笋条，加盐、白糖调味，旺火翻炒，撒香菜段，淋辣椒油，炒匀出锅装盘即可。

铁板鱿鱼烧肉 （水产）

原料 鱿鱼200克，猪肉100克，金针菇50克，水发香菇30克

调料 葱花、姜片、香菜段、胡椒粉、食用油、蚝油、酱油、盐各适量

做法

1. 鱿鱼洗净，切条，入沸水锅中焯水，捞出。猪肉切片。金针菇洗净，去根，撕散。香菇洗净，切块。

2. 锅入油烧热，放入葱花、姜片、酱油爆锅，放入猪肉片煸炒，加适量水、鱿鱼条、金针菇、香菇块，用盐、蚝油、胡椒粉调味，烧至原料熟透，撒香菜段，倒入铁板中即可。

鲜辣花枝片

水产

原料 荷兰豆200克，鲜鱿鱼400克，胡萝卜80克

调料 辣椒酱、水淀粉、香油、花生油、料酒、盐各适量

做法

1. 荷兰豆去筋，洗净。胡萝卜切成花形片。鲜鱿鱼宰杀洗净，切成夹刀片，焯水滑油，控油待用。

2. 将荷兰豆、胡萝卜花焯水过凉，放在盘底。

3. 锅入花生油烧热，加辣椒酱爆香，烹入料酒、盐，倒入鱿鱼片炒匀，用水淀粉勾芡，淋香油，翻匀后倒在荷兰豆、胡萝卜上即可。

特点 颜色美观，味道爽脆。

提示 墨鱼焯水时加适量料酒，可去除腥味。

豆瓣酱烧肥鱼

水产

原料 鲇鱼500克，冬笋丝50克，香菇丝25克

调料 葱末、姜末、蒜末、熟猪油、豆瓣辣酱、水淀粉、香油、醋、酱油、料酒、白糖、盐、高汤各适量

做法

1. 鲇鱼宰杀洗净，剁段，用盐、料酒腌制，入热油炸至五成熟，捞出控油。

2. 锅入熟猪油烧热，下入冬笋丝、香菇丝、姜末、蒜末、豆瓣辣酱炒出香辣味，再放入鲇鱼段、醋、高汤、酱油、白糖调味。烧开后移用文火焖熟，用水淀粉调稀勾芡，撒葱末，淋香油，出锅即可。

砂锅咸双鲜

水产

原料 咸黄鱼、咸肉各300克，青菜、草菇各50克

调料 姜片、香葱末、清汤、白胡椒粉、熟猪油、绍酒、盐各适量

做法

1. 咸黄鱼用淘米水浸泡回软，改刀切厚片。咸肉切成片，洗净。

2. 锅入熟猪油烧热，放入姜片略煸，放入咸黄鱼片、咸肉片、绍酒、草菇、青菜略炒。倒入砂锅中，加入清汤煲20分钟，放盐调味，撒白胡椒粉和香葱末，上桌即可。

清炖甲鱼 （水产）

原料 活甲鱼750克，鸡肉50克

调料 葱末、姜末、蒜末、清汤、花椒、绍酒、熟猪油、酱油、盐各适量

做法

1. 活甲鱼宰杀洗净，放入锅内，加清水烧沸捞出，刮去黑皮，撕下硬盖，剁成方块。鸡肉切方块，放入沸水中汆烫。

2. 锅入猪油烧至七成熟，放入葱末、姜末、蒜末爆香，放入甲鱼、鸡肉、酱油，煸炒2分钟，加入清汤，用文火炖至酥烂。

3. 最后用文火烧沸，打去浮沫，调入盐、花椒、绍酒即可。

生菜炖胖头鱼 （水产）

原料 胖头鱼350克，生菜丝50克

调料 姜片、剁椒酱、胡椒粉、高汤、色拉油、辣椒油、白糖、盐各适量

做法

1. 胖头鱼洗净，斩两半，将鱼头入油锅中煎至八分熟，捞出控油。

2. 锅留色拉油烧热，用剁椒酱、姜片爆锅。放入高汤、鱼头，旺火烧开，转文火炖30分钟。

3. 出锅前用盐、白糖、胡椒粉调味，开锅后，撒入生菜丝，淋辣椒油，倒入碗中即可。

酸辣回锅三文鱼 （水产）

原料 三文鱼200克，青杭椒块、红杭椒块各30克，干红辣椒5根，干葱片10克，杏鲍菇片20克

调料 葱花、蒜片、花椒粉、咖喱粉、干淀粉、水淀粉、蒜蓉辣椒酱、豆豉辣酱、番茄酱、老抽、料酒、白糖、盐、食用油、水淀粉各适量

做法

1. 三文鱼斜刀切块，调入花椒粉、咖喱粉、料酒、干淀粉腌制，放平底锅中煎至呈金黄色捞出。

2. 锅入食用油烧热，放入干红辣椒、干葱片、蒜片、葱花、蒜蓉辣椒酱、豆豉辣酱、番茄酱爆香，加入杏鲍菇片、煎好的三文鱼块、青杭椒块、红杭椒块翻炒。

3. 加入老抽、盐、白糖调味，收汁，淋水淀粉勾芡，出锅装盘即可。

香汁鲨鱼皮 （水产）

原料 鲨鱼皮400克，番茄丁20克

调料 葱花、姜片、香菜末、水淀粉、胡椒粉、高汤、香油、蚝油、料酒、盐、绍酒、食用油各适量

做法 ▶

1. 鲨鱼皮切成长段，用沸水煮透，加入绍酒，再煮5分钟，去除腥味后，捞出待用。

2. 锅入食用油烧热，放入姜片煸炒，注入高汤、鲨鱼皮、番茄丁、蚝油调味烧沸，转用文火烧至香浓时，用水淀粉勾芡，淋香油，装入盘中，撒入香菜末、葱花即可。

特点 口感酸辣，鲨鱼皮滑嫩。

辣炒河鳗 （水产）

原料 河鳗300克，香菜末10克

调料 干辣椒段、葱末、姜末、蒜末、盐、糖、醋、酱油、花生油、水淀粉、清汤各适量

做法 ▶

1. 河鳗鱼宰杀洗净，斜刀片厚片。

2. 锅入花生油烧热，加酱油、醋、葱末、姜末、蒜末、干辣椒段爆香，加河鳗鱼片炒一下，加盐、糖及清汤调味，慢火烧透入味，用水淀粉勾芡，出锅装盘，撒香菜末即可。

特点 色泽红亮，鱼肉滑嫩，鲜辣适口。

提示 急火烧开，慢火烧至入味即可。

麻辣牛蛙腿 （水产）

原料 牛蛙500克

调料 蒜段、红辣椒圈、花椒粉、水淀粉、辣椒油、花生油、醋、酱油、料酒、盐各适量

做法 ▶

1. 牛蛙宰杀洗净，取腿切成段，用酱油、醋、香油、水淀粉和少许水兑成味汁。

2. 牛蛙腿用盐、酱油拌匀，加水淀粉上浆。锅入花生油烧热，下入牛蛙腿炸一下，捞出，待油内水分烧干，再下入牛蛙腿重炸至焦酥呈金黄色，倒漏勺滤油。

3. 锅留油，下入红辣椒圈，加盐调味，放入花椒粉、蒜段、牛蛙腿，倒入兑好的味汁，旺火翻炒，出锅装盘即可。

原料 活牛蛙300克

调料 葱花、姜片、蒜片、泡红椒、花生油、生抽、料酒、盐各适量

做法

1. 牛蛙宰杀洗净，剁成块，加盐、生抽、料酒腌渍5分钟。泡红椒氽水，沥干，剁碎备用。

2. 锅入花生油烧至四成热，放入牛蛙块稍炸，捞出沥干。蒜片炸成金黄色捞出备用。

3. 牛蛙块、泡红椒放入碗中，加姜片、炸过的蒜片、花生油、盐，放入蒸锅中蒸透，取出撒上葱花即可。

泡椒蒸牛蛙 水产

水煮牛蛙 水产

红枣枸杞炖牛蛙 水产

原料 牛蛙400克，莴苣100克，黄豆芽100克

调料 香菜叶、干辣椒、花椒、香辣豆瓣酱、糖色、鲜汤、花生油、酱油、料酒、盐适量

做法

1. 牛蛙洗净，加入盐、料酒码味，15分钟后洗去。

2. 黄豆芽、莴苣用水煮5分钟，沥干后盛深口盘。

3. 锅入油烧热，下香辣豆瓣酱、糖色、酱油翻炒，加鲜汤烧沸。放入牛蛙煮3分钟，连汤盛深口盘，上铺干辣椒、花椒。

4. 锅另入油烧至八成热，浇入深口盘，撒上香菜叶即可。

原料 牛蛙300克，红枣6个，枸杞15克

调料 姜片、料酒、盐各适量

做法

1. 牛蛙去内脏、皮洗净，切小块，用沸水氽烫一下捞出。红枣和枸杞用温水泡片刻。

2. 锅入牛蛙块、料酒、红枣、枸杞、姜片，加水没过所有材料，旺火煮滚后改文火煲1小时，加适量盐调味，出锅即可。

特点 清淡鲜香，味美无比。

提示 用铁锅炖牛蛙可以吸收很多铁元素，能够预防缺铁性贫血症。

天麻鱼头炖豆腐 水产

原料 鲢鱼头400克，天麻20克，红枣5个

调料 葱末、姜片、香菜末、枸杞、花雕酒、胡椒粉、高汤、食用油、盐各适量

做法

1. 天麻和枸杞用清水浸泡回软。豆腐切成麻将块。

2. 鲢鱼头洗净去黑膜，入沸水锅中烫一下捞出，锅入食用油烧热，放葱末、姜片煸香，把鱼头两面煎过。

3. 砂锅加入高汤烧开后，把鱼头放入，加天麻、红枣、枸杞、葱末、姜片，再用盐、胡椒粉、花雕酒调味，慢火炖30分钟，出锅撒香菜末即可。

紫茄炖鱼头 水产

原料 鲢鱼头400克，紫茄100克，红辣椒10克，紫苏叶10克

调料 葱花、姜片、剁椒酱、胡椒、清汤、香油、料酒、盐、食用油各适量

做法

1. 红辣椒切块。鱼头洗净，剁成块。茄子切滚刀块，入五成热油中滑油捞出。

2. 锅入食用油烧至六成热，入剁椒酱、姜片煸香，下入鱼头稍煎一下，烹料酒，加清汤旺火烧开。

3. 放入茄子、红辣椒块，中火煮五六分钟至八成熟，再改文火煮至汤呈奶白色时加盐、胡椒、香油、紫苏煨1分钟，出锅装盘，撒葱花即可。

奶汤鱼腩 水产

原料 鱼肚腩肉 500 克

调料 葱节、姜片、香菜段、奶汤、胡椒粉、色拉油、料酒、盐各适量

做法

1. 鱼腩去鳞洗净，抹料酒、盐，放盘中加姜片、葱节上笼，旺火蒸6分钟至七成熟，取出后拣出葱节、姜片。

2. 锅入色拉油烧至六成热，放姜片煸香，再下入奶汤、盐烧开，放入鱼腩中火煮5分钟至熟，撒胡椒粉、香菜段，出锅即可。

原料 鲢鱼400克，黄豆芽30克，番茄50克

调料 葱花、姜末、蒜末、香菜末、胡椒粉、泡椒酱、番茄酱、花生油、醋、料酒、白糖、盐各适量

做法

1. 鲢鱼洗净，剔肉切大块，入沸水锅汆一下捞出。番茄洗净，切块。黄豆芽洗净。

2. 锅入花生油烧热，放入葱末、姜末、蒜末、泡椒酱、番茄酱、醋爆香，加入水烧开，放入鱼块及黄豆芽，文火炖熟，放入盐、白糖、胡椒粉、料酒调味，撒香菜末，出锅即可。

酸汤鱼腰 水产

白辣椒蒸火焙鱼 水产

原料 鲜鱼300克

调料 青椒、红椒、白辣椒、豆豉、猪油、酱油、白醋、盐各适量

做法

1. 青、红椒切小圈。白辣椒切段。

2. 鲜鱼下热油锅中炸酥，捞出放入碗里，撒上青红椒圈、白辣椒段、豆豉、盐、白醋，浇上猪油，入蒸锅蒸10分钟，出锅淋酱油拌匀即可。

提示 还可以先将火焙鱼油炸了再加干辣椒和其他调料一起蒸，这样比较有嚼头，属于香辣口味。

麻辣田螺肉 水产

原料 香螺 400 克

调料 香葱段、蒜片、红杭椒、辣椒油、食用油、生抽、白糖、盐各适量

做法

1. 香螺洗净，焯水去壳留肉。红杭椒切斜片。

2. 锅入食用油烧热，放入蒜片、红杭椒段、香葱段爆香，加香螺肉，放入生抽、盐、白糖调味，淋辣椒油，大火翻炒均匀，出锅装盘即可。

特点 麻辣味。肉质脆爽，香辣味浓，历久弥香，回味悠长。

腊八豆炒鱼子 水产

原料 熟鱼子300克，腊八豆适量

调料 红椒圈、姜、蒜苗段、调和油、香油、豆瓣酱、辣椒粉、料酒、陈醋各适量

做法

1. 蒜苗洗净，切段。姜切末。

2. 锅入油烧热，放豆瓣酱、腊八豆、辣椒粉炒香，再放姜末、红椒炒香。

3. 放入熟鱼子翻炒1～2分钟，下蒜苗炒片刻，烹入料酒、陈醋，淋少许香油，撒红椒圈，翻匀出锅装盘即可。

糖醋蜇皮 水产

原料 海蜇皮400克

调料 香油、醋、酱油、白糖、盐各适量

做法

1. 海蜇皮用清水浸泡1天，刷去蜇衣，切成4.5厘米长的细丝，再泡5小时，备用。

2. 海蜇丝挤去水分，装入盘内，加入白糖、醋、酱油、香油、盐，拌匀即可。

提示 海蜇与白糖同腌，不能久藏，要尽早食用。

小米辣拌鹿角菜 水产

原料 鹿角菜200克，小米辣粒10克

调料 香菜末、青杭椒粒、醋、生抽、白糖、盐各适量

做法

1. 鹿角菜洗净，焯水，冲凉控水。

2. 鹿角菜中加入小米辣粒、青杭椒粒、香菜末，放入醋、盐、白糖、生抽拌匀，装入盘中即可。

麻香海带 水产

原料 海带300克

调料 蒜泥、红彩椒、熟白芝麻、花椒油、盐各适量

做法

1. 海带切丝。红彩椒切丝，焯水冲凉，沥干水分，备用。

2. 把盐、蒜泥、熟白芝麻放入海带丝中，淋花椒油拌匀，装盘即可。

湘辣晶莹鹌鹑蛋 蛋类

原料 鹌鹑蛋300克，豌豆拉皮100克

调料 泡椒酱、青椒片、红椒片、香菜末、鸡粉、水淀粉、辣椒油、食用油、白糖、盐各适量

做法

1. 鹌鹑蛋蒸熟，一切两半。青红椒洗净，切菱形块。

2. 青红椒块摆放盘中，上面码放豌豆拉皮，切好的鹌鹑蛋放豌豆拉皮上，入蒸锅开锅蒸2分钟，捞出。

3. 锅入食用油烧热，放入泡椒酱炒香，加水、盐、鸡粉、白糖调成味汁，用水淀粉勾薄芡，淋辣椒油，烧开淋在鹌鹑蛋上，撒香菜末即可。

玉米炒蛋 蛋类

原料 玉米粒300克，鸡蛋2个，火腿丁30克，青豆、胡萝卜丁各20克

调料 炸松子、食用油、白糖、盐各适量

做法

1. 玉米粒洗净，同火腿丁、青豆、胡萝卜丁用沸水汆一下，捞出控干。鸡蛋打入碗中，打散。

2. 锅入食用油烧热，放入玉米粒、火腿丁、青豆、胡萝卜翻炒。

3. 锅中加盐、白糖调味，倒入蛋液、炸松子，推炒至蛋液凝固熟透，装盘即可。

蛋皮包腊肉 蛋类

原料 鸡蛋液100克，洋葱丁、青椒丁、火腿丁各30克，腊肉丁、蘑菇丁各20克

调料 黄油适量

做法

1. 平底锅入适量黄油烧热，将鸡蛋液倒入，使底部的蛋液凝固，上部仍稀软，使之成为饼状。

2. 将洋葱丁、青椒丁、火腿丁、腊肉丁、蘑菇丁作为馅料放在蛋饼中。用木铲将蛋饼的一边卷起覆在馅料上，缓慢卷动成蛋卷，文火加热至熟透，装盘即可。

剁椒虾仁炒蛋 蛋类

原料 速冻虾仁10粒，鸡蛋4枚

调料 葱花、剁椒酱、胡椒粉、食用油、香油、味极鲜酱油、料酒、盐各适量

做法

1. 虾仁洗净去沙线，剁碎，用少许胡椒粉、料酒腌制10分钟。

2. 鸡蛋打散，放入料酒，倒入虾仁碎、葱花、剁椒酱、香油、水搅拌均匀。

3. 锅入食用油烧热，倒入蛋液，轻轻翻转，再快速翻炒，烹入味极鲜酱油，撒葱花炒匀出锅即可。

海虹煎蛋 蛋类

原料 海虹肉200克，鸡蛋4个

调料 胡椒粉、盐各适量

做法

1. 海虹肉洗净，去泥沙杂质。

2. 鸡蛋打散，放入海虹、盐、胡椒粉搅匀。

3. 锅烧热油滑锅，先炒一半的蛋液，炒至七成熟时倒入剩余蛋液内，重新一起倒入锅内，用手勺摊平，慢火煎至两面呈金黄色时取出，用刀切三角形即可。

青椒荷包蛋 蛋类

原料 青椒200克，鸡蛋4个

调料 食用油、生抽、盐各适量

做法

1. 青椒洗净去籽，切成菱形块，沸水烫一下捞出。

2. 平底锅入食用油烧热，将鸡蛋煎至成荷包蛋，倒出，凉凉切块。

3. 锅留油烧热，放青椒煸炒至发软，倒入荷包蛋块，用生抽、盐调味，炒匀出锅即可。

榄菜蒸水蛋 蛋类

原料 鸡蛋3个，蒸蛋2个，肉末、橄榄菜各50克

调料 葱花、豆瓣酱、高汤、水淀粉、花生油、生抽、盐各适量

做法

1. 鸡蛋打入碗中，加入水、盐搅匀，上笼蒸8分钟取出。

2. 锅入油烧热，下肉末煸香，加豆瓣酱、橄榄菜、生抽、高汤、盐调味，用水淀粉勾芡，出锅，淋在蒸蛋上，撒上葱花即可。

香辣虎皮鹌鹑蛋 蛋类

原料 鹌鹑蛋400克

调料 花椒、姜片、辣豆瓣酱、辣椒油、食用油、盐各适量

做法

1. 鹌鹑蛋入锅中煮熟，剥掉蛋皮。

2. 锅入油烧热，放入鹌鹑蛋炸至呈金黄色，捞出。

3. 锅留底油，炒香花椒、姜片、辣豆瓣酱，添适量水烧开，放入鹌鹑蛋，加盐调味，焖烧几分钟。待汤汁浓稠时，淋辣椒油，旺火收汁出锅即可。

凉拌番茄

原料 番茄400克，洋葱（白皮）100克

调料 胡椒粉、香油、醋、白糖、盐各适量

做法

1. 番茄放入沸水锅烫一下，剥去皮，切成橘瓣形片，码在盘中。洋葱切细丝，用沸水烫一下，沥干。

2. 洋葱丝放在番茄旁，撒上盐、胡椒粉、白糖、醋拌匀，放入冰箱冷藏室中，冷藏30分钟。

3. 吃时取出，加香油略拌即可。

番茄三丝

原料 番茄200克，白萝卜100克，莴笋100克，火腿100克

调料 香油、醋、白糖、盐各适量

做法

1. 白萝卜、莴笋去皮、洗净，切丝。火腿切成丝，一起放入盛器中。

2. 番茄洗净，切成小块，放入装有白萝卜、莴笋、火腿的盛器中，加入盐、香油、白糖、醋拌匀，装盘即可。

生拌娃娃菜

原料 娃娃菜400克

调料 香菜段、蒜蓉辣椒酱、香油、白糖、盐各适量

做法

1. 娃娃菜去根，洗净，切成丝。

2. 娃娃菜加入蒜蓉辣椒酱、白糖调味，淋入香油，撒上香菜段拌匀，装盘即可。

糖醋辣白菜

原料 白菜心750克，干红辣椒25克

调料 葱丝、花生油、醋、白糖、盐各适量

做法

1. 白菜心洗净控干水分，用刀在中间切开，平放在盘内。干红辣椒洗净，控干水分，切成丝。

2. 锅入花生油烧热，放入干红辣椒丝、葱丝爆香，加入适量水，放入白糖、盐稍煮，倒入醋搅匀，浇在白菜上，腌2小时，切丝装盘即可。

朝鲜辣白菜 蔬菜

原料 白菜1000克，梨50克，苹果50克

调料 姜末、蒜末、辣椒面、白糖、盐各适量

做法

1. 白菜叶清净，在白菜叶内外均匀地抹上盐，腌渍12小时，冲洗控干水分。梨和苹果分别洗净，切末。

2. 辣椒面、盐、白糖、凉白开调匀，放入姜末、蒜末、苹果末、梨末搅拌混合均匀，涂抹在白菜叶上，放入盛器中，密封腌制一星期，即可食用。

白菜土豆卷 蔬菜

原料 土豆、香菇、胡萝卜、白菜叶、腰果各100克

调料 葱花、蒜末、香菜末、盐、沙拉酱、番茄酱各适量

做法

1. 土豆洗净，上笼蒸熟，碾碎成泥。胡萝卜洗净切丁。香菇泡软切碎，一起倒入土豆泥中调匀。

2. 白菜叶用沸水烫软，用冷水冲凉，每片包入土豆泥，卷成筒状，上笼蒸熟，摆放盘中。将番茄酱、沙拉酱、腰果、蒜末、葱花、盐在搅拌机中打匀，淋在白菜卷上，撒上香菜末即可。

麻辣菜卷 蔬菜

原料 卷心菜500克，干红辣椒10克

调料 花椒、花生油、盐各适量

做法

1. 把卷心菜一片片从根部整个掰下来，洗净控干水分。干红辣椒洗净，切成小节备用。

2. 锅入花生油烧热，放入干红辣椒节、花椒炒香，再放入卷心菜下锅煸炒，放入盐稍炒，待菜叶稍软，倒入碟中，凉凉，用手将菜叶卷成笔杆形，切成小节，码放在碟中即可。

醋溜莲花白 蔬菜

原料 卷心菜300克

调料 葱花、姜片、干辣椒段、醋、白糖、盐、食用油各适量

做法

1. 卷心菜洗净，撕成片，控干水分。

2. 锅入食用油烧热，放入葱花、姜片、干辣椒段爆香，烹入醋，放入卷心菜煸炒，待卷心菜发软时，加盐、白糖调味，翻炒均匀，出锅即可。

铁板辣甘蓝

原料 青甘蓝400克

调料 姜丝、蒜片、干辣椒、辣鲜露、生抽、盐、食用油各适量

做法

1. 青甘蓝撕成片，洗净控干水分。干辣椒切成丝。

2. 锅入食用油烧热，放入姜丝、蒜片、干辣椒丝爆香，放入甘蓝菜煸炒，烹入辣鲜露、生抽、盐调味，旺火翻炒。待甘蓝菜断生时，倒在加热的铁板上即可。

香煎黄花菜

原料 黄花菜300克，鸡蛋3个

调料 胡椒粉、食用油、盐各适量

做法

1. 干黄花菜用温水泡发，泡好后，用沸水煮一下捞出，控干水分。鸡蛋打散。

2. 黄花菜加盐、胡椒粉腌制入味。

3. 煎锅入食用油烧热，将黄花菜蘸上蛋液，放入煎锅中煎至两面呈金黄，出锅装盘即可。

炒手撕包菜

原料 卷心菜400克，五花肉50克

调料 葱花、姜片、蒜片、干辣椒、辣椒油、食用油、白糖、盐各适量

做法

1. 卷心菜手撕成片，洗净，控干水分。五花肉切片。干辣椒切段。

2. 锅入食用油烧热，放入辣椒段、葱花、姜片、蒜片煸香，放入五花肉片煸炒，再放入卷心菜，用盐、白糖调味，旺火煸炒，淋辣椒油炒匀，出锅装盘即可。

奶油油菜心

原料 油菜心10棵，方火腿40克，牛奶100克

调料 鸡汤、水淀粉、料酒、盐各适量

做法

1. 油菜心洗净。方火腿切丁。油菜心放入烧开的鸡汤中，加盐煮熟，捞出摆盘。

2. 锅中剩余鸡汤加入牛奶烧开，放入料酒、盐调味，用水淀粉勾薄芡，倒入火腿丁，浇在油菜心上即可。

辣空心菜梗 蔬菜

原料 空心菜梗400克，五花肉30克，红椒丁20克

调料 葱花、姜片、蒜片、干辣椒段、香油、食用油、盐各适量

做法

1. 空心菜梗洗净，切长段，入沸水锅中烫一下，捞出控干水分。五花肉洗净，切成小片。

2. 锅入食用油烧热，放入五花肉片煸干，放入葱花、姜片、蒜片、干辣椒段、红椒丁炒香，再放入空心菜梗翻炒，用盐调味，出锅时淋香油即可。

腐乳炒空心菜 蔬菜

原料 空心菜300克，腐乳(白)50克

调料 红椒丝、蒜末、植物油、水淀粉各适量

做法

1. 空心菜洗干净，切成段。白豆腐乳放入碗中压成泥，加入少许水淀粉调匀，备用。

2. 锅入植物油烧热，放入蒜末炒香，加入空心菜、红椒丝炒匀，再加入调匀的腐乳汁炒熟，盛入盘中即可。

酸辣炒韭菜 蔬菜

原料 韭菜300克，红椒50克，鸡蛋3个

调料 花椒粉、水淀粉、辣椒面、醋、白糖、料酒、盐、食用油各适量

做法

1. 韭菜洗净，切成段。红椒洗净，切成小块。鸡蛋加盐、料酒、水打散，下热油锅中炒熟，倒出。

2. 取一小碗，加醋、盐、白糖、花椒粉、水淀粉搅匀，调成汁。锅入食用油烧热，放入辣椒面炸香，倒入韭菜快速翻炒，加入红椒、鸡蛋，倒入调好的汁炒匀，出锅即可。

腌脆芹菜 蔬菜

原料 芹菜300克

调料 花椒粒、糖桂花、白糖、盐各适量

做法

1. 将芹菜去叶、洗净，切成段，焯水，捞出沥干，放入坛中。

2. 锅中放入白糖、花椒粒、糖桂花、盐，加适量清水，用文火煮沸后关火，放冷，倒入坛中，密封腌制2天，食用时装盘即可。

芹菜尖椒炒肉丝

原料 芹菜300克，红尖椒、猪肉丝各50克

调料 葱丝、姜丝、蒜末、植物油、酱油、料酒、白糖、盐各适量

做法

1. 芹菜洗净，切段。红尖椒洗净，去籽，切丝。

2. 锅入植物油烧热，放入猪肉丝煸炒，倒入芹菜段、红椒丝翻炒，加入姜丝、葱丝、蒜末、酱油、料酒炒香，用白糖、盐调味，翻炒入味，出锅即可。

油盐水煮西蓝花

原料 西蓝花400克

调料 姜片、食用油、鸡汤、盐各适量

做法

1. 西蓝花洗净，去老根，撕成小朵，用热水烫洗一下。

2. 锅入鸡汤烧开，加盐、姜片调味，淋少许食用油，放入西蓝花煮熟，捞出装盘，淋少许鸡汤即可。

腌西蓝花

原料 西蓝花400克，芹菜100克

调料 姜片、蒜片、白糖、盐各适量

做法

1. 西蓝花撕成小朵，用盐水浸泡一下，捞出后洗净。芹菜洗净，去叶和老筋，切段。

2. 西蓝花和芹菜放沸水锅中烫一下捞出，过凉水，控干水分。

3. 西蓝花、芹菜段放入盛器中，加盐、白糖、姜片、蒜片调味拌匀，腌制20分钟，装盘即可。

拌芥末菜花

原料 菜花500克

调料 芥末、醋、香油、盐各适量

做法

1. 菜花掰成小朵，洗净，放入沸水锅中焯熟，捞出，沥干水分，放入盘中。

2. 芥末放碗内，加少量沸水调匀，盖上盖焖一会儿至出辣味，加入盐、醋、香油拌匀，浇在菜花上即可。

清蒸白花菜 〔蔬菜〕

原料 白花菜300克，面包屑100克

调料 香菜末、红椒末、胡椒粉、橄榄油、盐、植物油各适量

做法

1. 白花菜洗净，掰小朵，放入蒸锅中蒸15分钟，取出装盘。

2. 锅入植物油烧热，放入面包屑，轻拌炒至表面均匀地裹上橄榄油，再煎至酥脆。

3. 将盐、胡椒粉调入面包屑调味，拌入香菜末、红椒末，撒在蒸好的白花菜上即可。

功效 花菜含碳水化合物、蛋白质，还含多种维生素，对产前孕妇具有补脑髓、益心力、强筋骨的作用，对消化道溃疡也有良好的疗效。

香辣大盘花菜 〔蔬菜〕

原料 花菜400克，带皮五花肉150克，蒜瓣20克

调料 孜然、干红辣椒段、食用油、淀粉、酱油、清汤、盐各适量

做法

1. 花菜改刀，掰成小朵。五花肉切成厚片。蒜瓣拍扁。五花肉撒少许盐、酱油、淀粉，抓匀备用。

2. 锅入油下五花肉片滑散，盛出。锅留余油，下蒜瓣、干红辣椒段，文火慢慢煸香，转旺火，下入花菜爆炒，用盐调味，倒入肉片，加一大勺清汤煨几分钟，淋酱油，撒孜然即可。

泡嫩芥菜 〔蔬菜〕

原料 芥菜300克

调料 沙姜、干红辣椒、白菌、八角、草果、排草、胡椒粉、花椒粉、红糖、盐各适量

做法

1. 芥菜去老茎、枯叶，洗净，晒至八成干。

2. 取干净纱布，包入白菌、大料、草果、胡椒粉、花椒粉、沙姜、排草，制成香料包。

3. 坛内一层一层放入芥菜，倒入适量水，放入盐、红糖、干红辣椒和香料包，压实后盖上坛盖。在坛沿上倒满水，泡2天。食用时，取出腌好的芥菜切段，装盘即可。

原料 芥兰400克

调料 葱丝、姜丝、青红椒丝、蒸鱼豉油、食用油、盐各适量

做法

1. 芥兰除去外面的筋，改刀切条。葱丝、姜丝、青红椒丝浸泡在一个有水的小碗中待用。

2. 锅中放适量水，加盐、食用油、油烧开，放入芥兰，焯水，捞出摆放盘中。

3. 芥兰上放青红椒丝、葱丝、姜丝，在旁边淋上蒸鱼豉油，锅中加入食用油烧热，用热油淋在青红椒丝、葱丝、姜丝上即可。

白灼芥兰 〔蔬菜〕

锅塌菠菜 〔蔬菜〕

原料 菠菜200克，鸡蛋3个，火腿丝、香菇丝各10克

调料 姜丝、面粉、食用油、料酒、盐、清汤各适量

做法

1. 菠菜整棵洗净，去掉根部，切长段。鸡蛋打入碗中，搅拌成蛋液。

2. 平底锅放食用油烧热，菠菜沾上面粉，放入鸡蛋液中粘上蛋液，再放入平底锅中煎至两面呈金黄色，捞出备用。

3. 另起锅，烹入料酒、盐，加入清汤，放入煎好的菠菜，菠菜上面放姜丝、火腿丝、香菇丝，转旺火略烧，将汤汁收干，出锅装盘即可。

爽口萝卜 〔蔬菜〕

原料 白萝卜300克，青、黄菜椒条各50克

调料 花椒油、盐各适量

做法

1. 白萝卜洗净，去皮切条，加盐腌制后，冲水，沥去水分，备用。

2. 黄椒条和青椒条放沸水锅中焯水，捞出过凉水，沥干水分。

3. 白萝卜条加入黄椒条、青椒条、盐调味，淋上花椒油拌匀，装盘即可。

功效 萝卜含有能诱导人体自身产生干扰素的多种微量元素，可增强机体免疫力，并能抑制癌细胞的生长，对防癌、抗癌有重要意义。

爽口萝卜菜 蔬菜

原料 萝卜菜500克

调料 蒜末、豆豉、剁椒碎、食用油、盐各适量

做法

1. 萝卜菜洗净，切细碎丁，攥干水分。

2. 锅烧干，不放油，下萝卜菜不停地炒，一直到炒干水气，盛出备用。

3. 锅入食用油烧热，下豆豉、蒜末和剁椒碎炒香，下萝卜菜翻炒，撒盐调味，翻匀出锅，装盘即可。

萝卜干拌毛豆 蔬菜

原料 萝卜干300克，毛豆100克

调料 干红辣椒末、植物油、辣椒油、盐各适量

做法

1. 萝卜干切成丁。毛豆洗净，入沸水锅中煮熟，捞出凉凉，备用。

2. 锅入植物油烧热，放入干红辣椒末，炸出香味。

3. 萝卜丁放入大碗中，加入毛豆、盐、炸好的干红辣椒末，淋辣椒油拌匀，装盘即可。

砂锅萝卜丝煲 蔬菜

原料 白萝卜400克，香葱末10克

调料 姜丝、剁椒酱、孜然、猪油、盐各适量

做法

1. 白萝卜洗净，去皮切丝，待用。

2. 锅入猪油中火烧至四成热，下姜丝、剁椒酱、孜然旺火爆香后，加入萝卜丝，加盐调味，炒匀，倒入砂锅中。砂锅上火烧热，撒上香葱末，上桌即可。

芹菜拌土豆丝 蔬菜

原料 土豆300克，西芹100克

调料 花椒、食用油、盐各适量

做法

1. 土豆洗净、去皮，切丝后冲洗，控干水分。西芹洗净去筋，切成丝。土豆丝和芹菜丝分别用沸水焯熟，捞出冲凉，控干水分，放入盛器中。

2. 锅入食用油烧热，下花椒爆香，倒入盛西芹丝、土豆丝的盛器中，加盐拌匀，装盘即可。

麻辣土豆条

原料 土豆500克，青椒条20克

调料 干淀粉、干辣椒粉、花椒面、豆油、盐、食用油各适量

做法

1. 土豆削去皮，切成长5厘米、宽1厘米的条，用水洗一下，捞出控干水，拌入干辣椒粉、花椒面、盐、干淀粉备用。

2. 锅入食用油烧热，放入麻辣土豆条炸熟，捞出，等油温回升到八成热时，连同青椒条再重炸一次，捞出装盘即可。

豉香小土豆

原料 小土豆400克

调料 葱花、姜片、干辣椒段、豆豉香辣酱、香料包、食用油、酱油、生抽、盐各适量

做法

1. 小土豆去皮，切成合适大小的滚刀块。姜切片。

2. 锅入食用油烧热，放入姜片、豆豉香辣酱炒出红油，入土豆块、干辣椒段翻炒，加入酱油、生抽、盐翻炒至均匀上色。加水，放入香料包，水开后转中文火加锅盖焖烧。

3. 土豆变软后，转旺火收汁，出锅撒葱花即可。

双椒拌薯丝

原料 土豆300克，青、红辣椒各50克

调料 香油、醋、白糖、盐各适量

做法

1. 青、红辣椒去蒂、籽、洗净，均切成丝。

2. 土豆洗净，削去皮，改刀切丝。放入沸水锅里烫熟捞出，放凉开水中过凉，捞出装入盆里。

3. 将土豆丝中加白糖、盐、醋、青红辣椒丝，淋香油拌匀，装盘即可。

粉蒸红芋

原料 红芋头400克，米粉100克

调料 江米酒、豆瓣酱、花椒粉、花生油、酱油、盐各适量

做法

1. 红芋头去皮，洗净切丝，放在蒸碗内，加入米粉、花生油、花椒粉、豆瓣酱、江米酒、酱油调味拌匀。

2. 拌好的红芋头丝入蒸锅，开锅隔水蒸6分钟，出锅食用即可。

果味蒸芋珠

原料 速冻芋头球200克，桔子1个，菠萝40克

调料 葡萄干、樱珠、橙汁、白糖各适量

做法

1. 樱珠、桔子、菠萝分别洗净，并去皮切成丁。

2. 取一大碗，将芋头球放入碗中，加入樱珠丁、桔子丁、菠萝丁、葡萄干，用白糖、橙汁、清水调味，入蒸锅蒸6分钟，出锅即可。

剁椒蒸香芋

原料 香芋400克

调料 姜末、蒜末、香葱末、剁椒碎、豆豉、蚝油、植物油、盐各适量

做法

1. 香芋去皮，洗净切菱状块。锅热油，下入芋头，中火煸干水分，打入漏勺，控油，放入盘中。

2. 剁椒碎加盐、姜末、蒜末、蚝油、豆豉拌匀，用热油浸泡至熟，凉凉备用。

3. 将冷却的剁椒汁浇在香芋块上，放入蒸锅蒸8分钟，出锅，撒香葱末即可。

清炒魔芋丝

原料 魔芋400克，方火腿30克，青椒丝30克

调料 葱段、姜丝、水淀粉、植物油、白糖、盐各适量

做法

1. 魔芋取出洗净，切丝。方火腿切丝。

2. 锅内入植物油烧热，放入姜丝、青椒丝、葱段、火腿炒香。

3. 随后加入魔芋丝、盐、白糖炒入味，用水淀粉勾芡，出锅装盘即可。

麻辣魔芋

原料 魔芋400克，青、红尖椒丝各50克

调料 葱末、姜末、蒜末、花椒末、辣椒末、辣椒油、食用油、料酒、白糖、盐各适量

做法

1. 魔芋洗净切丝，入沸水锅中汆一下捞出，控干水分。

2. 锅入食用油烧热，放入葱末、姜末、蒜末、辣椒末、花椒末炝锅炒香，烹入料酒，倒入魔芋丝和青、红尖椒丝翻炒。

3. 用盐、白糖调味，旺火翻炒均匀，淋辣椒油，炒匀出锅即可。

干炒藕丝 蔬菜

原料 莲藕500克

调料 姜末、蒜末、香葱末、干辣椒丝、食用油、
香油、料酒、盐各适量

做法

1. 莲藕洗净、去皮,切成丝,用水冲洗一会儿,放
入沸水锅中烫一下,捞出,过凉水,沥干水分。

2. 锅入食用油烧热,放入干辣椒丝、姜末、蒜
末、料酒爆香。放入莲藕丝,加盐调味,翻炒
均匀,撒香葱末,淋香油,出锅即可。

糊辣藕片 蔬菜

原料 莲藕500克

调料 葱末、姜末、干红辣椒段、花椒、菜油、辣
椒油、醋、酱油、白糖、盐各适量

做法

1. 莲藕洗净,切成薄片,冲水洗去多余的淀粉,沥干
水分。将白糖、醋、酱油放小碗里调匀,成味汁。

2. 锅入菜油烧热,放入干红辣椒段、花椒、葱末、
姜末、煸香,加入盐,随后将藕片倒入翻炒。

3. 将味汁倒入锅中,大火炒2分钟,使味汁融合到
藕片里,淋辣椒油,翻匀出锅装盘即可。

粉蒸藕片 蔬菜

原料 莲藕400克,五香米粉100克

调料 葱、姜、酱油、料酒、白糖、盐各适量

做法

1. 葱洗净打结。姜洗净切片。洗净藕段,刮去老皮,
竖剖为二,再横切成片,用少许盐腌半小时。

2. 藕片放在碗里,倒入五香米粉搅拌,使藕片都
裹上一层米粉,将藕片码在大碗内,剩余的米
粉也全部拌入,加葱结、姜片、酱油、料酒、
白糖调味。

3. 将藕片放入蒸锅,大火蒸15分钟至熟即可。

脆炸藕盒 蔬菜

原料 莲藕400克,猪肉馅150克,海米末15克,
水发木耳末20克

调料 葱末、姜末、花椒盐、绍酒、水淀粉、色拉
油、全蛋糊、酱油、盐各适量

做法

1. 莲藕洗净、去皮,切夹刀片。猪肉馅加海米末、
木耳末、葱末、姜末、绍酒、酱油、盐调成馅
料。藕片内撒水淀粉,酿入肉馅制成藕盒。

2. 锅入色拉油烧热,藕盒蘸全蛋糊,入油锅炸至熟
透、呈金黄色,捞出装盘,配花椒盐上桌即可。

蜜汁玫瑰藕丸　蔬菜

原料 莲藕500克，花生仁、冬瓜糖、果仁、芝麻各20克，玫瑰糖50克

调料 番茄酱、面粉、植物油、白糖各适量

做法

1. 莲藕去皮洗净，打成蓉，加入少许面粉、水调和成藕团。花生仁、冬瓜糖、果仁、芝麻、玫瑰糖调制成馅料。藕团包入馅料，做成球形。

2. 锅入植物油烧热，放入藕丸，炸至色泽金黄捞出。

3. 锅内放白糖、清水、番茄酱、玫瑰糖熬成蜜汁，倒入炸好的藕丸，翻匀出锅装盘即可。

韭菜莴笋丝　蔬菜

原料 莴笋300克，韭菜100克

调料 葱丝、姜丝、食用油、剁椒酱、盐各适量

做法

1. 莴笋洗净，去皮切丝。韭菜洗净切段。

2. 锅入食用油烧热，放入剁椒酱、葱丝、姜丝、莴笋丝儿炒香，旺火炒至八成熟。

3. 加盐入味，出锅前撒韭菜段，翻炒片刻，出锅即可。

香辣脆笋　蔬菜

原料 脆笋400克，猪肉片150克

调料 蒜末、红辣椒末、香油、辣椒油、白糖、盐、食用油各适量

做法

1. 把脆笋泡水后，切粗丝备用。锅入清水烧开，放入脆笋丝汆烫后，捞出，沥干水分，备用。

2. 锅入食用油烧热，放入蒜末、红辣椒末炒香，再放入肉片一起煸炒。倒入脆笋丝，加盐、白糖翻炒入味，淋香油、辣椒油，炒匀，出锅即可。

雪菜炒冬笋　蔬菜

原料 冬笋350克，雪菜80克

调料 植物油、水淀粉、清汤、香油、白糖、盐各适量

做法

1. 冬笋洗净，切块。雪菜择洗干净，去掉老梗，切成末。锅入植物油烧热，将笋下入稍炒2分钟，倒出，滤去油。

2. 锅留油烧热，雪菜末放入锅内略炒，把笋放下去，加清汤、白糖、盐调味，烧约1分钟，用水淀粉勾芡，浇上少许香油，翻匀出锅即可。

腐乳卤春笋

原料 莴笋400克

调料 辣豆腐乳汁、香油各适量

做法

1. 莴笋去皮改刀切波浪片，入热水锅中烫一下捞出，过凉水。

2. 将过凉后的莴笋沥干水分，放入盛器中，加辣豆腐乳汁，淋香油拌匀，装盘即可。

提示 莴笋切片不要太厚，而且要大小一致，如此才能均匀入味。

辣酱莴笋

原料 莴笋400克

调料 蒜蓉辣椒酱、香油各适量

做法

1. 莴笋去老皮洗净切段后切片，放入沸水锅中焯水，捞出过凉水，沥干水分。

2. 把莴笋片放入盛器中，加入蒜蓉辣椒酱，淋上香油，拌匀装盘即可。

提示 莴笋鲜翠诱人，不仅是佐餐佳品，而且营养丰富，被称为"厨房里的药物"。

麻辣苦瓜

原料 苦瓜400克

调料 蒜末、干辣椒丝、花椒、食用油、麻椒油、盐各适量

做法

1. 苦瓜洗净去瓤，切片，入沸水锅中烫一下，捞出冲凉控水。

2. 锅入食用油烧热，放入花椒炸出香味，把花椒捞出，再放入蒜末、干辣椒丝炒香，倒入苦瓜片，用盐调味，淋麻椒油，翻匀出锅即可。

雪菜炒苦瓜

原料 苦瓜300克，雪菜50克，红椒圈20克

调料 葱末、姜末、蒜末、辣椒油、食用油、生抽、盐各适量

做法

1. 苦瓜洗净去瓤，切成条，入沸水锅中烫一下捞出，冲水控干。雪菜洗净切末。

2. 锅入食用油烧热，放入葱末、姜末、蒜末、红椒圈炒香，再放入雪菜末煸炒。

3. 随后放入苦瓜片，用盐、生抽调味，淋辣椒油，翻炒均匀，出锅即可。

梅菜苦瓜

蔬菜

原料 苦瓜300克，梅干菜50克

调料 葱丝、蒜片、食用油、盐各适量

做法

1. 苦瓜洗净，去瓤，切成斜刀薄片，放入盐水中浸泡。

2. 将梅干菜温水泡发洗净，切小段。苦瓜片捞出沥水。

3. 锅入食用油烧热，入葱丝、蒜片爆香，入苦瓜略翻炒。加入梅干菜翻炒后，用盐调味，翻匀出锅装盘即可。

爽口黄瓜

蔬菜

原料 黄瓜300克、猪肉末100克

调料 干红辣椒段、香油、植物油、酱油、料酒、盐各适量

做法

1. 黄瓜洗净，去瓤，放入盆中，加盐腌制出水，取出洗净，切方丁，放入盘中。

2. 锅入植物油烧至五成热，下干红辣椒段、猪肉末煸香，加入料酒、盐、酱油、香油炒熟后，倒在黄瓜上即可。

脆炒黄瓜皮

蔬菜

原料 猪瘦肉100克，黄瓜300克

调料 红辣椒、醋、老抽、盐、食用油各适量

做法

1. 猪瘦肉洗净，切成末。黄瓜洗净，去瓤切块。红辣椒洗净，切碎。

2. 锅入油烧热，放入肉末爆炒，再放黄瓜皮块、红椒碎一起翻炒，加入盐、醋、老抽调味，炒熟出锅即可。

凉拌莴苣干

蔬菜

原料 莴苣干300克，红椒粒20克

调料 香油、盐各适量

做法

1. 莴苣干用温水泡发，泡软后，攥干水分，放入沸水锅中烫一下，捞出，冲凉，控干水分。

2. 莴苣干放盛器中，加红椒粒、盐、香油拌匀，装盘即可。

虫草花蒸丝瓜

原料 虫草花30克，丝瓜300克，枸杞10克

调料 蒜末、橙汁、干贝汁、鸡粉、水淀粉、蚝油、盐、食用油各适量

做法

1. 丝瓜去皮，切段，摆在碟中。虫草花、枸杞泡软。

2. 锅入食用油烧热，放入蒜末爆香，加入虫草花、枸杞翻炒，倒出铺在丝瓜上，入蒸锅隔水蒸8分钟。

3. 用之前浸虫草花的水，加入适量干贝汁、橙汁、鸡粉、盐、蚝油放入锅里煮汁，用水淀粉勾稀芡，淋在蒸好的虫草花丝瓜上即可。

湘味炒丝瓜

原料 丝瓜300克，红尖椒40克

调料 姜丝、蒜末、食用油、蚝油、料酒、白糖、盐各适量

做法

1. 丝瓜洗净去皮，切片，浸入凉水中以防氧化变黑。红尖椒洗净去籽，切菱形块。

2. 锅入食用油烧热，放入姜丝、蒜末、红尖椒块，翻炒出香味，放料酒、蚝油、白糖、盐调味，炒匀。

3. 最后放入丝瓜片，翻炒熟透，出锅装盘即可。

炒辣味丝瓜

原料 嫩丝瓜350克，水发粉丝50克

调料 鲜红辣椒、葱末、姜末、猪油、料酒、盐、泡椒酱、高汤各适量

做法

1. 嫩丝瓜去皮、瓤，洗净，切块。鲜红辣椒去蒂、籽，洗净，切成菱形片。粉丝用开水烫透，捞出摆放盘中。

2. 锅入猪油烧热，放入葱末、姜末、泡椒酱一起爆锅，炒出香味，放入嫩丝瓜块，加入盐、料酒和少许高汤，翻炒均匀，出锅倒入盘中粉丝上即可。

湘味烧丝瓜

原料 丝瓜200克，毛豆粒50克

调料 葱末、剁椒酱、植物油、蚝油、料酒、白糖、盐各适量

做法

1. 丝瓜洗净去皮，切滚刀块，浸入凉水中，防止氧化变黑。毛豆粒入沸水锅烫一下，捞出备用。

2. 锅入油烧热，放入葱末、剁椒酱翻炒出香味，加入料酒、蚝油、白糖、盐翻匀，再放入丝瓜、毛豆粒翻匀，烧制入味，出锅装盘即可。

鱼香丝瓜粉丝 [蔬菜]

原料 丝瓜400克，水发木耳20克，水发粉丝150克

调料 葱花、姜末、蒜末、郫县豆瓣酱、生抽、白糖、清汤、水淀粉、盐、食用油各适量

做法

1. 木耳洗净，撕小朵。将木耳和粉丝放入沸水锅中煮1分钟，捞出，过凉水，沥干水分。

2. 锅入食用油烧热，倒入粉丝和木耳，略微翻炒，喷点清水，防止粉丝粘锅，放入烧热的煲中。将丝瓜洗净，去皮切块，放在粉丝、木耳上。

3. 锅中加食用油烧热，入郫县豆瓣酱煸炒出红油，再倒入葱花、姜末、蒜末，炒出香味后，加清汤，用盐、生抽、白糖调味。将汤汁倒入热煲中，煲2分钟，出锅装盘上桌即可。

湘西擂茄子 [蔬菜]

原料 茄子400克，香葱末10克

调料 姜末、蒜末、生抽、老干妈辣酱、辣椒油、香油、醋、白糖、盐、橄榄油各适量

做法

1. 茄子洗干净，切成细条状，放入蒸锅中蒸熟，拿出凉凉。

2. 蒸好的茄子放入擂钵，加入盐、生抽、醋、白糖、辣椒油、香油、老干妈辣酱拌匀。

3. 将茄子用擂钵擂得软烂，倒入盛器中，淋上橄榄油，撒上香葱末即可。

古法蒸茄子 [蔬菜]

原料 茄子300克，肉丝、香菇丝、嫩姜丝、红枣丝各20克

调料 鸡粉、蚝油、白糖、盐各适量

做法

1. 茄子洗净，切成长条形，剞花刀，放沸水锅中汆烫约20秒。肉丝用沸水汆烫至熟备用。

2. 将肉丝、香菇丝、嫩姜丝、红枣丝加鸡粉、蚝油、白糖、盐调味拌匀。

3. 将茄子放在盘中，在茄子表面均匀地放上调好味的肉丝、香菇丝、嫩姜丝、红枣丝，随后放入蒸锅中以中旺火蒸约5分钟，蒸制熟透即可。

原料 长茄子300克，鸡蛋黄2个

调料 海米粒、青红椒丁、葱末、姜末、蒜末、盐、胡椒粉、生抽、白糖、干淀粉、高汤、水淀粉、植物油各适量

香煎茄片 〔蔬菜〕

做法

1. 长茄子去皮，切厚片剞十字花刀，放盐腌渍入味，拍干淀粉，蘸蛋黄液。

2. 锅入植物油烧至四成热，放入茄子片炸至呈金黄色，捞出。

3. 锅留余油烧热，放入姜末、葱末、蒜末炒香，倒入青红椒丁、海米粒、高汤、茄子片、盐、胡椒粉、生抽、白糖，烧至茄子软透入味，用水淀粉勾芡收汁，出锅即可。

青椒炒茄子 〔蔬菜〕

原料 茄子 300 克，青椒 150 克

调料 葱末、姜末、蒜末、淀粉、食用油、生抽、白糖、盐各适量

做法

1. 茄子洗净去皮，切成片，拍薄薄的一层淀粉，入热油锅中炸一下捞出，控油。

2. 青椒洗净去籽，切菱形块，放入沸水锅烫一下，捞出备用。

3. 锅入食用油烧热，放入葱末、姜末、蒜末炒香，加入青椒块煸炒，用盐、生抽、白糖调味，随后放入茄片，翻匀出锅即可。

香辣茄盒 〔蔬菜〕

原料 茄子 400 克，猪肉馅 150 克

调料 葱末、姜末、蒜末、香葱末、花椒、干辣椒段、鸡蛋糊、食用油、酱油、料酒、盐各适量

做法

1. 茄子洗净，切夹刀片。猪肉馅加料酒、酱油、盐、葱末、姜末拌匀。

2. 茄子片中塞进肉馅，裹蘸鸡蛋糊，入热油锅中炸成茄盒，捞出控油。

3. 锅留油烧热，放入蒜末、花椒、干辣椒段炒香，放入炸好的茄盒，撒香葱末，翻匀出锅装盘即可。

豆角炒茄子 蔬菜

原料 豆角200克，茄子200克

调料 蒜末、泡椒碎、酱油、辣椒油、白糖、盐、食用油各适量

做法

1. 豆角去筋洗净，切段。茄子洗净、去皮，切条。

2. 锅入食用油烧热，放入豆角段炒至稍变色，倒入酱油、白糖，加水，煮约3分钟。

3. 随后倒入茄子条，炒至茄子变软，倒入泡椒碎翻炒，加盐调味，炒至熟透入味，淋辣椒油，出锅装盘，撒上蒜末即可。

湘味小炒茄子 蔬菜

原料 茄子400克，猪肉片50克

调料 蒜片、十三香粉、干辣椒段、剁椒碎、水淀粉、醋、酱油、白糖、盐各适量

做法

1. 茄子切薄片，放在水里略微浸泡。

2. 锅热油，煸炒猪肉至散白，下剁椒碎、干辣椒段、蒜片煸炒出香味。

3. 再放入茄子煸炒，加酱油、盐、白糖、醋、十三香粉继续翻炒。盖上锅盖，小火焖一会儿，水淀粉勾芡，出锅即可。

百合蒸南瓜 蔬菜

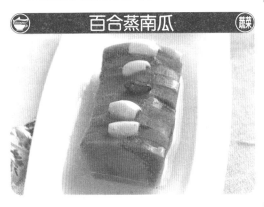

原料 老南瓜300克，鲜百合50克

调料 白糖、枸杞适量

做法

1. 老南瓜挖囊去皮洗净，切厚片。枸杞温水泡发。

2. 南瓜片摆放盘中，鲜百合和枸杞洗净后放入南瓜上，加入白糖，放入蒸锅中蒸熟即可。

简易泡菜 蔬菜

原料 胡萝卜条、蒜薹段、鲜藕片、芹菜段各100克，泡野山椒30克

调料 姜片、八角、花椒、草果、香叶、白醋、盐、泡椒汁各适量

做法

1. 锅中烧水，加入八角、花椒、草果、香叶、姜片煮5分钟，加盐制成卤水。卤水加入白醋、泡椒汁、泡野山椒调味，调成泡菜水。

2. 胡萝卜条、蒜薹段、藕片、芹菜段用热水烫一下，捞出控干水分。放入泡菜水中，腌制入味即可。

麻辣蒜薹

原料 蒜薹300克

调料 干辣椒碎、麻椒末、花生油、盐各适量

做法

1. 蒜薹洗净切段，用沸水烫一下捞出冲凉沥水。

2. 干辣椒碎、麻椒末放小碗内，倒入烧热的花生油，炸出香味，制成麻辣油。

3. 把盐放入蒜薹中，再淋入麻辣油，拌匀装盘即可。

麻辣香菜

原料 香菜300克

调料 辣椒碎、熟白芝麻、麻椒油、香油、盐各适量

做法

1. 香菜洗净后切小段，放入碗中。

2. 把盐、辣椒碎、熟白芝麻、麻椒油、香油放入香菜中拌匀，装盘即可。

功效 发汗透疹，消食下气，醒脾和中。

贡菜花生

原料 贡菜200克，花生200克

调料 姜片、八角、花椒、辣椒油、酱油、料酒、白糖、盐各适量

做法

1. 贡菜切段和花生一起放入锅中加水、姜片、酱油、白糖、料酒、八角、花椒、盐调味。

2. 旺火烧开，烧至贡菜、花生熟透，收汁时淋辣椒油，翻匀出锅，晾凉装盘即可。

生拌辣椒

原料 青尖椒300克，香菜100克

调料 香油、生抽、白糖、盐各适量

做法

1. 青尖椒洗净去瓤，切丝。香菜洗净，切段。

2. 把尖椒丝、香菜段放入容器中，加入生抽、盐、白糖调味，淋香油，装盘即可。

功效 能促进脂肪代谢，有利于防治血管硬化、冠心病及脑血管病，对预防和治疗脑血管疾病有辅助作用。

糖醋虎皮辣椒

蔬菜

原料 青尖椒400克

调料 食用油、醋、白糖、盐各适量

做法

1. 青尖椒洗净，切去两头。

2. 锅入食用油烧至八成热，入青尖椒翻炒，炒至青尖椒表皮呈虎皮状，放盐继续翻炒。

3. 炒至青尖椒发软时，熄火放白糖、醋炒匀，起锅装盘，即可食用。

功效 能增强人的体力，缓解因工作、生活压力造成的疲劳。

冰醋四季豆

蔬菜

原料 四季豆400克

调料 白醋、白糖、盐各适量

做法

1. 四季豆洗净，去头尾及老筋，用沸水焯透，捞出过凉水，沥干水分。盘中放四季豆，加盐腌制一天，2小时左右翻动一次。

2. 腌好的四季豆洗净，冲水10分钟左右，捞出沥干水分。

3. 盆中放入四季豆、白醋、白糖拌匀，入冰箱腌制入味。食用时将四季豆切段，装盘即可。

四季豆炒土豆

蔬菜

原料 四季豆200克，土豆200克

调料 葱花、姜片、蒜片、干辣椒段、食用油、酱油、料酒、白糖、盐各适量

做法

1. 四季豆撕去筋，掰成段，洗净。土豆洗净去皮，切成条，入热油锅炸金黄色，捞出控油。

2. 锅入油烧热，放入四季豆稍炸一下，捞出控油。

3. 锅入油烧热，放入葱花、姜片、蒜片、干辣椒段爆香。加入炸好的土豆条、四季豆煸炒，放料酒、盐、白糖、酱油调味，炒匀出锅装盘即可。

蒜泥豆角

蔬菜

原料 豆角300克，香菜末10克，红椒末10克

调料 蒜泥、生抽、麻椒油、辣椒油、盐各适量

做法

1. 豆角洗净，切段后焯熟，捞出过凉水，沥干水分，放入盛器中。

2. 小碗中加入蒜泥、香菜末、红椒末、生抽、盐、麻椒油、辣椒油调制成味汁。

3. 把调好的味汁浇在豆角上即可。

姜汁豇豆 蔬菜

原料 豇豆400克

调料 姜、香油、醋、酱油、盐各适量

做法

1. 豇豆洗净，去两端，切成段，放入沸水汤锅烫至刚熟时捞起，凉冷。

2. 姜洗净去皮，剁成姜末，和醋调成姜汁，加入盐、香油、酱油、豇豆，拌匀后装盘即可。

提示 豇豆最好选用细的暗绿的那种。

泡椒豇豆 蔬菜

原料 豇豆400克，红小米辣20克

调料 泡野山椒、泡椒汁、冰糖、花椒、盐各适量

做法

1. 豇豆洗净，切段。豇豆段放入沸水锅中，加盐、花椒煮3分钟，捞出过凉水，沥干水分。红小米辣洗净，切去两头。

2. 豇豆段、红小米辣放入器中，加泡野山椒、泡椒汁、冰糖拌匀，倒入少许纯净水，放入冰箱冷藏10~12小时，即可食用。

肉丁炒豇豆 蔬菜

原料 豇豆300克，猪肉50克

调料 葱花、姜末、蒜末、红椒丁、食用油、生抽、料酒、盐各适量

做法

1. 豇豆洗净，切丁，入沸水锅中焯烫，捞出控干水分。猪肉洗净，切小丁。

2. 锅入食用油烧热，放入猪肉丁煸炒，加入葱花、姜末、蒜末爆香，烹入料酒。

3. 放入豇豆丁、红椒丁翻炒，加盐、生抽调味，炒匀，出锅装盘即可。

泡豇豆炒凉粉 蔬菜

原料 泡豇豆300克，豌豆凉粉100克，猪肉50克

调料 葱花、姜末、干辣椒丁、食用油、料酒、盐各适量

做法

1. 泡豇豆洗净切丁，猪肉切丁，豌豆凉粉切粗条。

2. 锅入食用油烧热，放入猪肉丁煸炒，加入葱花、姜末、干辣椒丁、料酒爆香。

3. 放入豇豆丁，加盐调味。待豇豆熟透时，放入凉粉翻匀，出锅装盘即可。

肉皮炖干豇豆

蔬菜

原料 肉皮500克，干豇豆200克，土豆50克

调料 葱段、花椒、大料、桂皮、食用油、酱油、高汤、盐各适量

做法

1. 干豇豆用温水浸泡回软，切段，入沸水中汆煮5分钟捞出，控干水分。土豆削去外皮，切滚刀块，入热油锅炸至呈金黄色捞出。肉皮洗净，用刀刃刮去表面杂质及残余猪毛。

2. 肉皮放沸水锅中煮10分钟，取出待凉后切块。

3. 锅入食用油烧热，放葱段、花椒、大料、桂皮、酱油爆锅，放入肉皮块、豇豆段、土豆块、高汤，用盐调味。开锅后，中火炖至熟透入味，出锅装盘即可。

酸辣鲜蚕豆

蔬菜

多味绿豆芽

蔬菜

原料 鲜蚕豆400克

调料 姜末、蒜末、香葱末、泡椒末、花椒粉、植物油、醋、酱油、盐各适量

做法

1. 将鲜蚕豆淘净，放入沸水锅中煮至浮起，捞出沥干水分。

2. 取一碗，放入姜末、蒜末、泡椒末、花椒粉、醋、酱油、盐，加入适量温水，调匀成味汁。

3. 锅入植物油烧热，放入蚕豆炒熟，盛入味汁中，拌匀，加盖，腌制15分钟翻拌一次，继续腌制15分钟，捞出装盘，撒香葱末即可。

原料 绿豆芽400克，蒜末10克

调料 香菜末、胡椒粉、芝麻酱、辣椒油、醋、白糖、盐各适量

做法

1. 绿豆芽洗净，掐去两头，入沸水锅中烫一下，捞出，控干水分。

2. 小碗中加芝麻酱、盐、白糖、胡椒粉、辣椒油、醋、蒜末调成味汁。

3. 把绿豆芽放入盛器中，倒入味汁拌匀，装盘，撒香菜末即可。

原料 面条菜 400 克，蒜泥 20 克

调料 熟白芝麻、面粉、香油、盐、酱油各适量

做法

蒸拌面条菜 蔬菜

1. 面条菜择洗干净，控干水分，用面粉拌匀，放入蒸屉，用蒸锅蒸制2~3分钟。

2. 小碗中加蒜泥、酱油、盐、香油、熟白芝麻拌匀，调成味汁备用。

3. 把蒸好的面条菜取出抖散，装盘，淋入调味汁即可。

功效 有润肺止咳、凉血止血功效，可治虚劳咳嗽、鼻衄、吐血等症。

提示 面条菜在蒸屉蒸2分钟即可，时间长了一则菜的颜色会变暗，二则口感会打折。

辣炒酸菜 蔬菜

春日合菜 蔬菜

原料 酸菜 300 克

调料 姜末、红辣椒末、白糖、熟猪油、盐各适量

做法

1. 酸菜洗净切丝。姜、红辣椒洗净切末。

2. 锅入熟猪油烧热，爆香红辣椒末、姜末，加入酸菜丝煸炒，用适量盐、白糖调味，中火翻炒约3分钟，炒至水分完全收干，出锅装盘即可。

功效 咸酸脆口，色泽鲜亮，香气扑鼻，开胃提神，是一道不错的家常菜哟。

提示 酸菜是咸的，炒制时要少放盐。

原料 绿豆芽200克，干粉丝50克，菠菜100克，鸡蛋3个

调料 葱丝、花椒、植物油、香油、盐各适量

做法

1. 绿豆芽洗净，掐去两头。菠菜洗净，切成寸段。干粉丝用沸水泡后，切成段。

2. 绿豆芽和菠菜段用沸水烫熟，捞出，沥干水分。

3. 鸡蛋磕入碗中，加盐，用筷子搅匀，下油锅炒熟炒散，倒出备用。

4. 锅入植物油烧热，放入花椒炸出香味，捞出花椒，放入葱丝、豆芽略炒，再放入粉丝、菠菜段、鸡蛋，加盐调味，淋香油翻匀，出锅即可。

炸蔬菜球 蔬菜

原料 豆腐 300 克，紫菜 3 张，马蹄 50 克，水发香菇 50 克，小菠菜 50 克

调料 胡椒粉、盐、蛋清、生粉、食用油各适量

做法

1. 豆腐用盐水煮10分钟，捞出控干水，捣碎，用干净纱布挤干水。紫菜剪碎。马蹄去皮和水发香菇切碎粒一起入油锅，炒香，倒出备用。

2. 将上述四种材料加面粉拌匀，并用盐、胡椒粉调味，捏成圆球，滚上生粉，放置10分钟。

3. 锅中加食用油烧热，放入豆腐球，用中火炸至金黄色，熟透后捞出控油。小菠菜洗净，蘸上蛋清入油锅中炸，捞出控油，将炸好的豆腐球和菠菜摆放在盛器中即可。

黄瓜炒薯粉 蔬菜

原料 黄瓜300克，红薯粉条100克，鲜猪肉50克，水发木耳丝20克，红椒丝20克

调料 水淀粉、胡椒粉、猪油、香油、盐各适量

做法

1. 黄瓜刨皮、去子后切成丝。鲜猪肉洗净后剁成泥。红薯粉条浸入温水中，泡发后剪短。

2. 净锅置旺火上，放入猪油烧热后，下入鲜猪肉泥炒散，随后下入红薯粉，放盐、胡椒粉调味，翻炒入味，再下入黄瓜丝、红椒丝炒匀，水淀粉勾芡，淋香油，出锅装盘。

酸辣蕨粉 蔬菜

原料 蕨根粉条 350 克，青红椒 25 克，香菜 20 克

调料 蒜末、辣椒油、醋、白糖、盐各适量

做法

1. 蕨根粉条放入温水中浸泡，锅加入清水上火，烧沸后把蕨根粉条投入沸水中煮熟，捞出后过凉。将青、红椒洗净切丝，香菜洗净切段。

2. 把过凉的蕨根粉条沥干水分，放入盘中，浇上用盐、醋、白糖、辣椒油、蒜末调好的味汁，撒上青红椒丝、香菜段，拌匀装盘即可。

特点 酸辣咸鲜，爽口开胃。

原料 金针菇 200 克，黄瓜 200 克，蒜末 20 克

调料 芝麻酱、香油、醋、白糖、盐各适量

做法

1. 金针菇剪去根部、洗净，放入沸水锅中焯水，捞出放凉白开水中过凉。

2. 黄瓜洗净，沥干备用，去瓤切成丝。

3. 把黄瓜丝、金针菇、蒜末放入碗中，加入醋、芝麻酱、香油、白糖和盐调味，翻拌均匀即可。

提示 金针菇根部尽量多剪掉一些，留下细嫩的部分，这样口感比较好。

金针菇拌黄瓜 菌类

金针银丝煮肥牛 菌类

原料 肥牛300克，金针菇200克，粉丝50克

调料 葱花、香葱末、泡椒酱、蒜蓉辣酱、盐、豆油、高汤各适量

做法

1. 金针菇去根部，切段，放入沸水锅中焯水5分钟煮熟，下入粉丝一起煮，将煮好的金针菇、粉丝捞出盛入器皿备用。锅置火上煮沸水，将肥牛下锅氽烫几下，去除血沫捞出。

2. 锅入豆油烧热，下入葱花、蒜蓉辣酱、泡椒酱煸炒出红油和香味，倒入适量高汤烧开。

3. 把肥牛肉、粉丝倒入锅中，加盐调味，把煮好的牛肉连汤盛入放金针菇和粉丝的器皿中，撒上香葱末即可。

剁椒金针菇 菌类

原料 金针菇400克，香葱末10克

调料 剁椒酱、胡椒粉、辣椒油、醋、盐各适量

做法

1. 金针菇切去根部相连的部分，洗净沥干水分后，整齐地码入盘中备用。

2. 盘子置于蒸锅中，盖上锅盖，旺火蒸 5 分钟。

3. 剁椒酱、胡椒粉、辣椒油、醋、盐调成味汁，淋在蒸好的金针菇上，撒上香葱末即可。

提示 新鲜的金针菇以未开伞、菇体洁白如玉、菌柄挺直、均匀整齐、无褐根、基部少粘连为最佳。

辣味鸡腿菇　菌类

原料 鸡腿菇300克，青尖椒块50克，腊肠片20克

调料 葱花、干辣椒段、十三香、豆油、生抽、盐各适量

做法

1. 鸡腿菇洗净，切片，锅里烧热水，放入鸡腿菇焯一下，捞出控干水分。

2. 锅入豆油烧热，放入干辣椒段、葱花爆香，倒入鸡腿菇、腊肠片、青尖椒块煸炒。

3. 放入适量盐、十三香、生抽调味，翻炒均匀，出锅装盘即可。

小炒珍珠菇　菌类

原料 珍珠菇400克，方火腿50克，红尖椒40克

调料 葱花、姜片、蒜片、胡椒粉、食用油、花椒油、料酒、白糖、盐各适量

做法

1. 珍珠菇洗净，放沸水锅中，汆煮一下捞出，控干水分。方火腿切菱形片。红尖椒洗净，切菱形块。

2. 锅入食用油烧热，放葱花、姜片、蒜片、料酒爆锅，放入珍珠菇、火腿片、红椒块翻炒，用盐、白糖、胡椒粉、料酒调味。炒匀后，淋花椒油，翻匀出锅即可。

青椒蒸香菌　菌类

原料 青尖椒200克，鲜香菌200克，红杭椒20克

调料 鸡油、盐各适量

做法

1. 将青尖椒和红杭椒分别洗净，斜刀切片，鲜香菌撕小块。

2. 鲜香菌放鸡油，加适量盐拌匀，放入碗中，撒上青尖椒片和红杭椒片。

3. 蒸锅里放水烧沸后，把鲜香菌放入，旺火蒸约20分钟，起锅上桌即可。

松仁尖椒鸡腿菇　菌类

原料 青杭椒200克，鸡腿菇200克，熟松子仁20克

调料 姜末、醋、酱油、蜂蜜、盐、食用油各适量

做法

1. 青杭椒去蒂洗净，切小段。鸡腿菇洗净。

2. 取一小碗，放入熟松子仁、姜末，加酱油、盐、醋、蜂蜜调成味汁备用。

3. 锅入食用油烧热，将青杭椒段放入煎至虎皮状取出，再放入鸡腿菇煸炒，加盐调味，随后放入青杭椒段，淋上调好的味汁，炒匀出锅装盘即可。

草菇烧丝瓜 菌类

原料 草菇100克，丝瓜300克

调料 葱花、姜末、水淀粉、鸡汤、香油、食用油、料酒、盐各适量

做法

1. 草菇洗净，切片。丝瓜洗净，去皮，切块。

2. 锅入食用油烧热至六成热，放入丝瓜炸至断生，捞出控油。

3. 原锅留底油烧热，放入葱花、姜末爆香，加入料酒、鸡汤、草菇、丝瓜，旺火烧沸。加盐调味，用水淀粉勾芡，翻炒均匀，淋香油，出锅即可。

口蘑炒面筋 菌类

原料 熟面筋300克，鲜口蘑150克

调料 葱段、葱花、胡椒粉、水淀粉、鲜汤、香油、色拉油、酱油、盐各适量

做法

1. 鲜口蘑洗净切片。熟面筋切成厚片。

2. 炒锅上旺火，放入色拉油烧热，放入口蘑片、葱段，炒至出香味。

3. 再放入面筋同炒，烹入酱油，加盐、胡椒粉、鲜汤烧沸，淋水淀粉调匀，淋上香油，撒葱花，盛入盘中即可。

肉片烧口蘑 菌类

原料 口蘑150克，猪肉片50克，青椒块、红椒块各50克

调料 葱花、姜片、蒜片、水淀粉、鲜汤、绍酒、香油、蚝油、白糖、盐、豆油各适量

做法

1. 口蘑切两半加鲜汤、盐入蒸锅蒸入味，汤汁留用。

2. 锅入豆油烧热，放入葱花、姜片、蒜片炒香。放入猪肉片炒至变色，加入鲜汤、绍酒、口蘑汤。

3. 开锅加入口蘑、盐、蚝油、白糖，文火烧至入味，放青椒块、红椒块炒熟，水淀粉勾芡，淋香油，装盘即可。

粉蒸香菇 菌类

原料 香菇300克，米粉100克

调料 胡椒粉、香油、料酒、白糖、盐各适量

做法

1. 香菇用温水泡发，洗净，去蒂，加入米粉拌匀。

2. 加入盐、胡椒粉、料酒、香油、白糖调味，摆放盘中。放入蒸锅开锅蒸8分钟，出锅即可。

泡椒鲜香菇 〔菌类〕

原料 鲜香菇400克，野山椒40克，泡椒20克

调料 泡椒水、香油、酱油、盐各适量

做法

1. 鲜香菇洗净，剪去根蒂，焯熟捞出，沥干水分，放入盆中备用。

2. 将泡椒水、野山椒、泡椒倒入一个容器内，加盐、酱油、香油调味，腌至香菇入味，捞出装盘即可。

松子香菇 〔菌类〕

原料 香菇200克，松仁30克

调料 香菜末、葱花、姜片、高汤、鸡油、食用油、绍酒、白糖、盐各适量

做法

1. 香菇用温水浸泡回软，洗净剪去根蒂，用热油炸干水分，捞出备用。

2. 锅入鸡油烧热，放入葱花、姜片、松仁煸出香味，放入水及高汤、白糖、盐、绍酒。

3. 再放入炸好的香菇，大火烧开，小火煮40分钟，转大火收汁，凉凉装盘，撒香菜末即可。

香菇瘦肉锅 〔菌类〕

原料 香菇50克，猪瘦肉100克，粉丝50克，菜花50克，甜豆30克

调料 姜片、香菜叶、胡椒粉、盐、清汤各适量

做法

1. 香菇温水泡软，洗净切小块。猪瘦肉洗净，切厚片。粉丝泡软。菜花切小朵。甜豆摘洗干净。

2. 锅入清汤烧开，放入香菇、姜片煮出香味，再放入猪瘦肉片、菜花、甜豆、粉丝。小火煮5分钟，用盐、胡椒粉调味，撒香菜叶，出锅即可。

小土豆焖小香菇 〔菌类〕

原料 小土豆300克，小香菇100克

调料 蒜末、香菜末、牛肉酱、干辣椒段、料酒、盐、清汤、食用油各适量

做法

1. 小香菇温水泡发，洗净去蒂。小土豆削皮洗净，一切两半。

2. 锅入食用油烧热，放入干辣椒段、蒜末、牛肉酱、料酒煸香，再放入土豆和香菇炒一会儿。

3. 随后加入清汤，烧开后用盐调味，转小火烧约8分钟。改大火收汁，出锅撒香菜末即可。

腐皮三丝

原料 豆腐皮300克，青椒丝、红椒丝各50克，香菜段20克，苦瓜丝30克

调料 蒜末、水淀粉、干贝汁、食用油、香油、生抽、盐各适量

做法

1. 豆腐皮洗净切丝。苦瓜洗净去囊，切丝。

2. 锅入食用油，烧热后加入蒜末爆香，放入豆腐皮丝、青椒丝、红椒丝、苦瓜丝、香菜段翻炒。

3. 再加入适量干贝汁、生抽、盐调味，炒匀后用水淀粉勾薄芡，淋香油，翻匀出锅即可。

素炸响铃

原料 油豆腐皮、韭菜各100克，鸡蛋1个，粉丝30克

调料 胡椒粉、料酒、盐、植物油各适量

做法

1. 韭菜洗净，切末。粉丝加温水泡软，捞出切成小段。鸡蛋打成蛋液，入油锅中炒散，倒出凉凉。

2. 鸡蛋、韭菜末、粉丝段放盛器中，加盐、胡椒粉、料酒调味，拌匀成馅料。

3. 锅入植物油烧热，将油豆腐皮铺平，放入馅料，逐个包成三角形，用蛋液封好口，入油锅炸至熟透、呈金黄色，捞出沥油，装盘即可。

青菜蒸豆腐

原料 豆腐300克，油菜叶50克，熟蛋黄50克

调料 水淀粉、盐各适量

做法

1. 油菜叶洗净，放入沸水中氽烫一下，捞出切碎。

2. 豆腐放入碗内碾碎成泥状，之后加入切碎的油菜叶，调入盐和水淀粉搅拌均匀，挤成豆腐球，摆放盘中，把熟蛋黄碾碎，撒在豆腐球表面。

3. 旺火烧开蒸锅中的水，将盛有豆腐球的盘子放入蒸锅中，蒸10分钟，取出即可。

虾仁蒸豆腐

原料 虾仁50克，豆腐200克，鸡蛋3个

调料 葱汁、姜汁、水淀粉、香油、料酒、盐各适量

做法

1. 豆腐切成丁，放入沸水中略烫捞出。

2. 鸡蛋磕入大碗中，加入葱汁、姜汁、盐、清水，用水淀粉勾芡，再放入豆腐丁搅匀。

3. 鲜虾仁放入小碗中，加盐、料酒腌入味，整齐地摆放在豆腐丁和鸡蛋液上。大碗放入蒸笼中，开锅中火蒸15分钟取出，淋香油即可。

油豆腐炒酸白菜 豆制品

原料 油豆腐块300克，酸白菜100克

调料 香油、盐、食用油各适量

做法

1. 油豆腐块用热水泡一下。酸白菜切块，备用。

2. 锅入食用油烧热，下入泡过的油豆腐块翻炒几下，接着放入酸白菜块，加少许水和盐调味，翻炒2分钟左右，淋香油，出锅即可。

功效 微寒味甘，具有养胃生津、除烦解渴、利尿通便、清热解毒等功能。

菠菜炖豆腐 豆制品

原料 菠菜200克，毛豆腐200克

调料 干辣椒丝、葱花、姜末、蒜末、食用油、香油、盐各适量

做法

1. 菠菜洗净撕成寸段，放沸水中焯热，捞出备用。豆腐切厚片，放煎锅中，煎至两面金黄倒出。

2. 锅入食用油烧热，再放入干辣椒丝、葱花、姜末、蒜末炒香，加适量水和盐调味，放入煎好的豆腐块和菠菜段。

3. 大火烧开，煮2分钟，淋香油，出锅即可。

辣椒炒香干 豆制品

原料 香干300克，青尖椒块50克

调料 姜末、蒜末、干辣椒段、食用油、醋、生抽、盐各适量

做法

1. 香干切条，入热水中烫一下捞出，控干水分。

2. 锅入食用油烧热，放入蒜末、姜末、干辣椒段、醋煸香，放入尖椒块煸炒。

3. 随后加入香干翻炒，撒盐和生抽调味，翻炒均匀，出锅即可。

韭菜辣炒五香干 豆制品

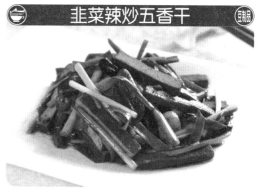

原料 五香干300克，韭菜段150克，红尖椒30克

调料 蒜片、豆豉、辣椒面、生抽、白糖、食用油、盐各适量

做法

1. 五香干切条。红尖椒洗净去蒂，斜切成片。

2. 锅入油烧热，倒入五香干，煎一下倒出，控油。

3. 锅留油烧热，将豆豉、辣椒面、蒜片和红尖椒片倒入，炒香，倒入五香干，加生抽和白糖、盐调味，旺火翻炒，最后放韭菜炒匀，即可装盘。

老汤卤豆腐丝

原料 干豆腐1000克

调料 葱段、姜片、酱肉老汤、植物油、香油、盐各适量

做法

1. 干豆腐切成细丝。锅入植物油烧至五六成热，分次放入干豆腐丝，炸成浅黄色发挺时，捞出，沥油。

2. 锅入酱肉老汤，加上葱段、姜片、盐调味，烧开后离火，放入干豆腐丝浸泡3小时。食用时捞出，淋上香油，拌匀即可。

剁椒蒸香干

原料 香干400克

调料 葱花、生抽、剁椒碎、食用油、白糖、辣椒油、盐各适量

做法

1. 香干切薄片，加一点生抽和糖拌匀腌一下。

2. 加入剁椒碎、盐调味，拌匀，加入食用油，直接上锅蒸，开锅以后蒸20分钟关火。

3. 出锅后，淋辣椒油，撒上葱花即可。

花生米拌熏干

原料 花生仁200克，熏干200克

调料 葱丝、香菜末、香油、醋、生抽、白糖、盐、花生油各适量

做法

1. 锅入花生油烧热，放入花生仁，小火炸至花生熟透变色，捞起沥净油，放凉。

2. 熏干切丁。将熏干丁、炸好的花生仁放入盛器中，加盐、生抽、醋、白糖、香油调味，拌匀装盘，撒上葱丝、香菜末即可。

雪菜平锅豆腐

原料 豆腐500克，雪里蕻末100克，番茄丁50克，牛肉馅80克

调料 姜末、蒜末、生抽、盐、蛋液、食用油各适量

做法

1. 豆腐控干水分，切长方片，再撒入盐调味，裹蛋液放煎锅中，煎至两面金黄倒出备用。

2. 锅入食用油烧热，放入姜末、蒜末爆香，加入牛肉馅、雪里蕻末，煸炒至水分炒干，再放番茄丁翻炒，最后放豆腐片，淋生抽，翻炒出锅即可。

剁椒咸鱼蒸豆腐 豆制品

原料 内脂豆腐300克，咸巴鱼50克

调料 葱花、姜末、蒜末、香葱末、泡椒、胡椒粉、料酒、红油、熟猪油、盐各适量

做法

1. 内脂豆腐从盒中取出，用刀切成厚片，码在盘子底部，撒上盐腌渍10分钟。

2. 咸巴鱼改刀成条，排在豆腐上面，在鱼身上撒上葱花、姜末、蒜末、熟猪油。

3. 泡椒切小丁，均匀地撒在鱼身上，放上料酒、胡椒粉调味，放入蒸锅内，旺火隔水蒸10分钟，取出，撒香葱末。另起锅，放入红油烧热，浇上即可。

泡菜炒豆腐

原料 豆腐300克，泡菜100克

调料 葱末、姜末、生抽、食用油、白糖、盐、清汤各适量

做法

1. 豆腐切长方片，用煎锅将豆腐煎至表面微黄，倒出控油。泡菜切块。

2. 热锅入食用油烧热，放入葱末、姜末爆香，下泡菜块、豆腐片略炒片刻，加入生抽、白糖、盐、清汤调味，翻炒收汁，摆盘即可。

功效 可补中益气、清热润燥、生津止渴、清洁肠胃，增进食欲。

豉椒炒豆腐 豆制品

原料 豆腐300克，红杭椒50，豆豉10克

调料 生抽、食用油、白糖、盐、清汤各适量

做法

1. 豆腐切小方块，用煎锅煎至表面微黄，倒出控油。红杭椒洗净，切粒。

2. 热锅入油，爆香豆豉，下豆腐略炒片刻，加入生抽、盐、白糖、清汤调味，翻炒收汁，最后下红杭椒粒，翻匀即可出锅。

功效 含有丰富的蛋白质、脂肪和钙、镁，不但能补充人体所需蛋白质，还可以补充钙、镁。

提示 豆豉含有盐分，要注意盐的用量。

原料 豆腐100克，猪血100克，水发香菇100克，蒜苗段30克

调料 剁椒酱、花椒粉、清汤、酱油、白糖、食用油、料酒、盐各适量

做法

1. 豆腐、猪血洗净切块，一起入沸水锅中烫煮一下捞出，沥水备用。香菇撕块备用。
2. 锅入食用油烧热，放入剁椒酱、料酒炒香，加入清汤烧开，放入豆腐和猪血、香菇。
3. 用盐、酱油、白糖、花椒粉调味，开锅煮5分钟，撒蒜苗段，出锅即可。

麻辣豆腐汤

剁椒蒸猪血豆腐

原料 鲜猪血200克，白豆腐200克

调料 葱花、香油、食用油、乡里剁椒、豆豉、盐、姜末、蒜末各适量

做法

1. 猪血、豆腐分别切厚片，下锅汆水后摆盘待用。
2. 剁椒加盐、豆豉、姜末、蒜末，用温油浸泡至熟，制成剁椒汁。
3. 制好的剁椒汁盖在猪血、豆腐片上，入笼蒸3分钟取出，淋上少许香油，撒上葱花即可。

提示 猪血不宜与黄豆同吃，否则会引起消化不良；忌与海带同食，会导致便秘。

香辣烩三丁

原料 大豆干150克，毛豆150克，火腿100克

调料 食用油、辣椒油、酱油、白糖、盐各适量

做法

1. 大豆干及火腿均洗净、切丁。毛豆洗净，放入沸水中汆烫，捞出，沥干备用。
2. 锅入油烧热，放入豆干丁及毛豆炒匀，加入酱油、白糖、水煮至汤汁收干，再加入火腿丁和辣椒油拌匀即可。

特点 香辣可口，开胃下酒。

提示 汆烫后的毛豆应立即用冷水冲凉，以防止毛豆变黄。

香煎豆腐

原料 豆腐300克，红椒圈50克，肉末50克

调料 葱丝、姜末、蒜茸、鲜汤、蚝油、盐各适量

做法

1. 豆腐切成骨排块。

2. 锅入油烧至九成热，将豆腐整齐地摆放至锅内，煎至两面金黄，出锅备用。

3. 锅留底油，下肉末、红椒圈、蒜茸、姜末、盐、蚝油，略炒，倒入鲜汤，再放入煎好的豆腐块，轻轻颠炒均匀，焖至汤汁快收干时，出锅装盘，撒上葱丝即可。

提示 豆腐干洗后要晾干，这样煎起来不会炸锅；煎的时候注意用文火，不要煎焦了。

麻辣鸡豆腐

原料 豆腐300克，鸡脯肉150克

调料 葱花、蒜蓉、青杭椒粒、老抽、蚝油、水淀粉、鲜汤、红油、泡椒酱、菜籽油、花椒面、盐各适量

做法

1. 豆腐切小块，入沸水锅焯水，捞出，沥干水分。鸡脯肉洗净切丁，加盐、水淀粉抓匀上浆，入油锅中滑熟，倒出控油。

2. 锅入菜籽油烧热，放入泡椒酱炒至吐出红油，放入蒜蓉、青杭椒粒、豆腐块、鸡丁翻炒，加入少许鲜汤，再加入老抽、蚝油、盐调味，用水淀粉勾芡，倒入盛器中，撒上花椒面、葱花，淋入烧热的红油即可。

湘辣豆腐

原料 豆腐300克，红辣椒丁50克

调料 葱花、蒜末、干辣椒段、豆豉、高汤、食用油、酱油、白糖、盐各适量

做法

1. 把豆腐切成四方小块，锅入食用油烧热，放入豆腐炸至呈金黄色捞出，控油。

2. 锅留油加热，放入豆豉、蒜末、葱花、干辣椒段炒出香味，放入豆腐、高汤。

3. 然后加入酱油、白糖、盐调味，待豆腐块烧至入味，盛入盘中，撒上葱花即可。

白椒泡菜炒米粉

原料 白椒100克，鸡蛋1个，泡菜100克，米粉200克，娃娃菜50克

调料 食用油、生抽、盐各适量

做法

1. 米粉用温水泡发好。娃娃菜清洗干净，切成细丝。白椒、泡菜切成细丝。

2. 鸡蛋打散，入油锅摊成薄饼，切成细丝。

3. 锅入油烧热，放入白椒、娃娃菜、泡菜略炒，再加入米粉继续翻炒，加生抽、盐调味，差不多好时加进蛋丝拌匀，装盘即可。

特点 爽滑如丝，略有米香味。

酸辣炒粉

原料 粉丝200克，花生仁20克

调料 蒜末、香菜末、干辣椒、花椒粒、醋、白糖、食用油、盐各适量

做法

1. 粉丝用沸水煮30秒，捞出，凉水泡两分钟。

2. 干辣椒切段，粉丝捞出切段。

3. 锅入油烧热，放入花椒粒爆香，加蒜末、干辣椒、水、盐、白糖烧开，加粉丝翻炒均匀。加醋、香菜末关火，翻拌均匀，出锅即可。

提示 可以适当放些如豆芽之类口感比较脆的蔬菜。

豆角焖面

原料 手擀面200克，豆角50克

调料 姜丝、蒜末、辣子油、醋、老抽、生抽、盐、花生油各适量

做法

1. 豆角摘洗后，切长段。

2. 锅入花生花生油烧热，放入姜丝爆香，倒入豆角段，旺火炒至颜色碧绿。

3. 盖锅盖，用旺火继续焖3分钟。

4. 将手擀面放入锅中，加汤烧开，盖上锅盖文火焖5分钟。面熟出锅时可以再加入蒜末、醋和辣子油。

红枣糯米饭

原料 糯米300克，红枣5个，莲子20克，葡萄干20克，山楂糕30克

调料 白糖、食用油、枸杞各适量

做法

1. 糯米淘洗干净，用清水浸泡2小时。

2. 红枣洗净去核。葡萄干用清水泡开，沥干水。山楂糕切条。莲子泡软。

3. 取一大碗，碗底抹少许油，放入葡萄干、山楂糕条、红枣、枸杞、莲子再放入泡好的糯米，上笼蒸熟取出，扣在盘中撒上白糖即可。

紫米糕

原料 紫米200克，江米100克，熟莲子30克，桂花、金糕、青梅各30克

调料 食用油、果料、白糖各适量

做法

1. 紫米、江米淘洗干净，热水煮5分钟，放湿纱布上，入蒸锅蒸至软糯。

2. 熟莲子、金糕、青梅均用刀剁成碎丁。

3. 紫米和江米加白糖、桂花拌匀，放入抹过油的盘中，上面撒上切碎的青梅、金糕、莲子以及果料，凉凉即可食用。

辣酱油炒饭

原料 熟米饭300克，黄瓜丁30克，蟹肉棒丁30克，牛肉粒30克，鸡蛋2个

调料 葱花、辣酱油、食用油、盐各适量

做法

1. 锅入食用油烧热，倒入打好的蛋液，炒散后倒出。

2. 锅留油烧热，放牛肉粒煸炒，加辣酱油、葱花、黄瓜丁、蟹肉棒丁翻炒片刻。

3. 倒入熟米饭和炒好的鸡蛋，用盐调味翻匀，出锅即可。

红苋菜香油蒸饭

原料 粳米300克，红苋菜50克，玉米粒30克

调料 蒜片、胡香油各适量

做法

1. 红苋菜切小段。

2. 锅入胡香油烧热，加蒜片爆香，加红苋菜段炒至红苋菜出水后捞起，沥干备用。

3. 粳米洗净后沥干水分，与炒好的红苋菜及玉米粒拌匀，上蒸笼蒸熟即可。

竹香芋儿卷

原料 芋头300克，糯米粉50克，竹叶10张

调料 胡椒粉、熟猪油、盐各适量

做法

1. 芋头蒸熟去皮，压成泥，拌入糯米粉，加入熟猪油，用盐、胡椒粉调味，做成枣状，用竹叶卷起。

2. 芋头竹叶卷入笼，放蒸锅中，用猛火蒸熟，取出装盘即可。

提示 芋头要刮去粗糙的外皮，否则影响口感。

竹叶用新鲜的，才可清香沁人。

冰糖蜜枣湘莲

原料 湘莲200克，枸杞25克，鲜菠萝50克，桂圆肉25克，红枣2粒

调料 冰糖适量

做法

1. 莲子去皮去芯，温水泡洗，上笼蒸至软烂。桂圆肉、红枣温水泡发。鲜菠萝去皮，切成片。

2. 将蒸熟的莲子沥干水分，盛入汤碗内。

3. 锅入清水，加冰糖烧沸，待冰糖完全溶化，加枸杞、红枣、桂圆肉、菠萝煮开，倒入盛放莲子的汤碗中即可。

双耳蒸蛋皮

原料 鸡蛋4个，银耳50克，木耳50克

调料 胡椒粉、水淀粉、色拉油、绍酒、盐各适量

做法

1. 把鸡蛋打入碗中，加水淀粉搅匀。银耳、木耳切成块，分别加入胡椒粉、绍酒、盐拌匀。

2. 热锅加1大匙色拉油，将蛋液倒入锅中，煎成蛋皮备用。

3. 蛋皮铺在盘子上，先铺银耳馅，再铺木耳馅，分别卷起，做成两种颜色的蛋卷。

4. 上蒸锅蒸5分钟取出，改成小段，摆在盘中即可。

糖油炸薯片

原料 红皮红薯300克，黑芝麻30克，糖橘饼20克

调料 植物油、白糖各适量

做法

1. 红薯洗净去皮，切成厚片，用温油文火炸至呈金黄色，捞出沥油装盘。

2. 黑芝麻用文火炒香，糖橘饼剁成细粒。

3. 将炒锅中放入植物油烧热，放入白糖和少许水，用文火熬煮成糖浆，盛起淋在炸好的薯片上，撒上黑芝麻、糖橘饼细粒即可。

南荠草莓饼

原料 荸荠 500克，草莓酱 100克，面包渣200克

调料 干淀粉、鸡蛋清、植物油各适量

做法

1. 荸荠去皮后用刀背拍碎，块大的再剁一剁，用纱布包好拧干水分，加入干淀粉搅拌均匀，加水和成面团。

2. 面团分块，包上草莓酱成球状，逐个粘上鸡蛋清，裹蘸面包渣拍实。

3. 锅入植物油，烧至五成热，放入荸荠饼生坯，炸至呈金黄色，捞出按扁，摆盘即可。

山药饼

原料 山药200克，枣泥100克，熟面粉200克

调料 蜂蜜、花生油、白糖各适量

做法

1. 山药洗净蒸熟去皮，压成泥，拌上熟面粉揉匀，搓成长条，切成小块，擀成一个个圆片。每张圆片上放1份枣泥馅，收口包成小包子，再擀成饼，待用。

2. 锅置火上，倒入花生油，待油至七成热时，逐个下入山药饼，炸成金黄色，倒入漏勺中。

3. 锅留少许油，重置火上，下入蜂蜜、白糖和清水60克。糖化后下入山药饼，旺火收汁，翻匀，出锅即可。

莜面团子

原料 莜面100克，土豆300克

调料 蒜泥、酸菜汁、香油、辣椒油、盐各适量

做法

1. 土豆洗净，去皮，切成丝，拌入莜面，再加入少许清水，用手攥成小团，放入蒸笼中，在沸水锅中隔水蒸4分钟，蒸熟后拿出摆盘。

2. 香油、辣椒油、蒜泥、酸菜汁、盐调成味汁，随蒸好的团子上桌，食用时蘸汁吃即可。

特点 鲜咸酸辣，诱人食欲，如配上绿豆小米粥，即是夏令佳品。

原料 土豆300克，精制面粉100克，豆沙馅100克

调料 玫瑰酱、芝麻酱、奶油、植物油各适量

做法

1. 土豆洗净去皮，蒸熟捣成泥，精制面粉加入沸水烫制，与土豆泥和匀，揉入奶油成土豆面团。豆沙馅加玫瑰酱、芝麻酱和匀成馅心。

2. 土豆面团揪成每两4个的剂子，用手捏成窝形，包入馅心，收口成小圆饼即成生坯。

3. 锅上火加植物油烧至五成热时，下入生坯，炸至浮起熟透、呈金黄色时捞出，摆盘即可。

特点 色泽金黄，酥脆香甜，余味悠长。

奶油土豆饼

红薯玫瑰糕

绿豆夹心糕

原料 红薯200克，面粉250克，玫瑰糖100克

调料 植物油适量

做法

1. 红薯洗净，蒸熟，去皮压成蓉。将200克面粉放入盆内，倒入适量沸水，边冲水边搅匀，待湿透成面疙瘩后倒在案板上凉凉，放入干面粉50克揉成湿面团。

2. 红薯蓉和湿面团一起和匀，揉成长条，分成小面剂子。将每个面剂子中放入玫瑰糖，收口包成圆球形，再按扁成扁圆形，成红薯玫瑰糕生坯。

3. 锅入植物油，烧至六成热，放入红薯玫瑰糕坯，边炸边翻，炸至糕坯鼓起、色呈淡黄时即可。

原料 牛奶饼干10片，绿豆沙300克，面粉50克

调料 蛋液、色拉油适量

做法

1. 取牛奶饼干1片，放上一点绿豆沙，再放上另1片饼干，按紧，成绿豆饼生坯。

2. 面粉加入蛋液拌匀，制成蛋糊。

3. 烤盘刷油，将绿豆饼生坯蘸蛋糊放入烤盘，入炉用中火烧至呈金黄色时，取出烤盘，逐个将绿豆饼翻身，再入炉，烤至底部上色，取出装盘即可。

特点 口感细润紧密，清香绵软不粘牙。

玉米面蒸饺

原料 玉米面300克，韭菜100克，虾皮50克，水发粉条50克，精瘦猪肉100克，小麦面粉200克

调料 面酱、花椒粉、香油、猪油、盐各适量

做法

1. 韭菜洗净，切碎成末。虾皮洗净，沥干水分。水发粉条剁碎。精瘦猪肉洗净，剁成肉泥。将以上原料全部混合，淋热猪油、香油，加面酱、花椒粉、盐调味，拌匀即成馅料。

2. 锅入少许清水烧沸，倒入玉米面搅匀，倒在案板上稍晾，用手揣和好。用小麦面粉作粉芡，搓成细条，揪成剂子，剂口朝上摆好，再撒上一层面粉，用手将剂按扁，用擀面杖擀成圆饼，包入馅料成饺子形态，上笼屉旺火蒸15分钟即可。

萝卜丝团子

原料 玉米面200克，小麦面粉200克，白萝卜100克，黄豆粉50克，猪肉馅300克

调料 葱末、姜末、酱油、发酵粉、香油、盐各适量

做法

1. 玉米面、面粉、黄豆粉放入盆内，加入适量发酵粉拌匀，用温水和成面团，稍饧一会儿。白萝卜洗净，切成丝，放入沸水中焯一下，捞出，用冷水冲凉，挤干水分。

2. 炒锅入香油烧热，放入葱末、姜末煸炒出香味，倒入猪肉馅炒散，加入酱油、盐炒匀，凉凉后，加入萝卜丝，搅拌成馅心。

3. 将面团揪成剂子，擀成面皮包上馅料，入蒸锅中隔水蒸7~8分钟即可。

南瓜发糕

原料 南瓜200克，自发粉300克，热牛奶100克

调料 干果适量

做法

1. 把南瓜洗净去皮、切块，放沸水锅煮熟，捞出捣成泥状。

2. 趁热加入自发粉和热牛奶（因为发酵需要一定的温度），调成比较稀的南瓜糊，需要一定的流动性。

3. 南瓜糊加干果，放入密封容器内，在室温条件下放置2~3小时，等它体积膨胀一倍之后，放入蒸锅，隔水蒸20分钟即可。